国家级实验教学示范中心联席会
计算机学科组规划教材

程序设计实践与习题指导
C语言 基于计算思维能力培养

李娅　崔贯勋　主　编

龙建武　蒋鹏　洪雄　张红伟　刘峰　周敏　副主编

清華大學出版社
北京

内 容 简 介

本书内容包括四部分：第一部分 C 语言实验指导，第二部分 C 语言课程设计，第三部分 C 语言综合测试，第四部分全国计算机等级考试二级 C 语言模拟测试及参考答案。第一部分共 12 章实验，分别对应理论教材的各章内容，每章实验的程序分析部分对程序考查的知识点加以详细说明。第二部分包括 24 个课程设计题目及编者精心选择的课程设计典型案例。第三部分包括编者精选的四套综合测试试卷。第四部分给出两套模拟试卷及题目的详细解析。

本书习题针对性强，涵盖等级考试二级 C 语言考试大纲涉及的所有知识点，程序分析部分的讲解简明清晰、通俗易懂。

本书适合作为高等学校程序设计公共基础课程的实践教材，也可作为备考全国计算机等级考试二级 C 语言的复习资料，亦可供程序设计感兴趣的读者学习参考。

图书在版编目（CIP）数据

程序设计实践与习题指导：C 语言：基于计算思维能力培养 / 李娅，崔贯勋主编. -- 北京：清华大学出版社，2024. 7. --（国家级实验教学示范中心联席会计算机学科组规划教材）. -- ISBN 978-7-302-66745-2

Ⅰ. TP312.8

中国国家版本馆 CIP 数据核字第 2024K0F881 号

责任编辑：付弘宇
封面设计：刘　键
责任校对：李建庄
责任印制：沈　露

出版发行：清华大学出版社
　　　　　网　　　址：https://www.tup.com.cn，https://www.wqxuetang.com
　　　　　地　　　址：北京清华大学学研大厦 A 座　　　邮　　编：100084
　　　　　社 总 机：010-83470000　　　邮　　购：010-62786544
　　　　　投稿与读者服务：010-62776969，c-service@tup.tsinghua.edu.cn
　　　　　质量反馈：010-62772015，zhiliang@tup.tsinghua.edu.cn
　　　　　课件下载：https://www.tup.com.cn，010-83470236
印　装　者：涿州汇美亿浓印刷有限公司
经　　　销：全国新华书店
开　　　本：185mm×260mm　　　印　张：14.5　　　字　　数：356 千字
版　　　次：2024 年 8 月第 1 版　　　印　　次：2024 年 8 月第 1 次印刷
印　　　数：1～2500
定　　　价：49.80 元

产品编号：108020-01

前　言

C 语言程序设计是高等学校普遍开设的一门计算机公共基础课程，C 语言是一种通用、高效率的编程语言，被广泛应用于系统设计、数值计算、自动控制等诸多领域。

C 语言具有功能丰富、表达力强、使用灵活方便、应用面广等优点。另一方面，它的功能强大、编程限制少和灵活性强这些优点，也意味着它易出错、调试困难、不易掌握，所以对编程人员要求较高，尤其会使初学者感到入门困难。针对上述问题，编者在编写本书时力图将概念叙述得简明清晰、通俗易懂，并设计了针对性强的例题和习题。

本书内容包括以下几部分。

第一部分是 C 语言实验指导，共 12 章实验，每章实验对应理论教材的某一章内容，包括 C 语言的基本概念、算法思想、结构设计等。每章实验又分为实验目的、实验内容、具体的程序设计和程序分析几部分。程序分析部分对每个程序考查的知识点加以解释说明，使读者更加明确自己对 C 语言知识的掌握情况，更好地理解程序设计的基本思想和方法。

第二部分是 C 语言课程设计。它是 C 语言程序设计学习中的重要实践环节，是 C 语言实验的深化，可以进一步巩固 C 语言课程的教学成果。该部分包括课程设计的目的和任务、课程设计的内容、课程设计的基本要求及题目，还包括编者精心选择的课程设计典型案例，读者可以参考这些案例与提示完成课程设计。

第三部分是 C 语言综合测试。该部分列举了一些典型的 C 语言习题，以便学生学习 C 语言课程后，测试自己对所学知识和概念的掌握程度。

第四部分是全国计算机等级考试二级 C 语言的相关内容，包括公共基础知识的详解和模拟测试。其中模拟测试对历届全国计算机等级考试中的二级 C 语言真题题型进行分析，可以帮助学生提高考试通过率。

最后的附录部分包括 C 语言开发环境 Microsoft Visual C++ 2010 的使用说明、常用字符的 ASCII 码表、C 语言运算符及优先级、全国计算机等级考试二级 C 语言考试大纲。

　　本书由重庆理工大学李娅、崔贯勋任主编,龙建武、蒋鹏、洪雄、张红伟、刘峰、周敏任副主编。

　　由于编者水平有限,书中难免存在疏漏和不足之处,恳请广大师生及读者不吝赐教,批评指正。如果读者对本书有意见或建议,请发电子邮件至 404905510@qq.com。

编　者

2024 年 5 月

目 录

第一部分

C语言实验指导

PART **1**

  C 语言程序设计是一门实践性很强的课程,学好这门课程离不开实验这一重要环节。学生不仅需要具有扎实的理论知识,还要坚持不懈地进行程序阅读、编程练习、程序调试、程序改错等环节的训练,真正掌握所学知识,提高编程水平。对于初学者来说,他(她)可能会阅读程序但不会编写程序,程序调试出现问题时不会纠错。这些都是正常现象,主要是由于编程训练不够,只要勤学多练,就可以取得令人满意的成果。

  本部分包括 12 章实验内容,每章实验包括实验目的和实验内容。实验目的说明该章实验的重点要求等,实验内容一般包括阅读程序结果、程序填空、程序改错和程序编写等题目。这些题目也是各类 C 语言程序设计考试所涉及的题型,因此读者认真完成实验会对准备考试有极大的帮助。

  本书中的图、表以部分为单位分别进行编号,第一部分的图、表序号均以 1 起始,第二部分以 2 起始……后面不再说明。

🔑 第1章　C语言基础知识

一、实验目的

1. 了解 C 语言的特点及其与其他高级语言的异同。

2. 通过运行简单的 C 程序,初步了解 C 程序在 Visual C++ 6.0 集成环境下编辑、编译、调试和运行过程。

3. 掌握 C 程序的风格及 C 语言程序设计思想。

二、实验内容

1. 输入并运行一个简单的 C 程序。

```c
#include <stdio.h>              /* 表示标准的输入和输出头文件 */
int main()
{
    /* 输出结果,\n 表示回车换行 */
    printf("Welcome to Chongqing University of Technology!\n");
    return 0;
}
```

【分析】

(1) 掌握 C 程序设计的基本结构。

(2) 了解 Visual C++ 6.0 集成环境下对 C 程序进行编辑、编译、调试和运行的过程。

(3) 程序中的 / * 和 * / 之间的文字表示注释,编写程序时可以省略。

(4) 程序的运行结果:

【实验步骤】

(1) 启动 Microsoft Visual C++ 6.0。

(2) 选择 File(文件)菜单中的 New(新建)菜单项,出现如图 1.1 所示的对话框。选择

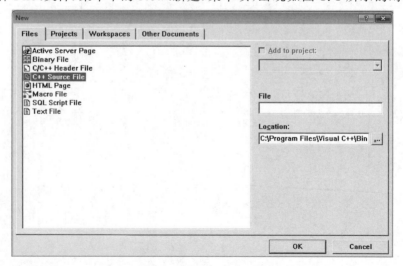

图 1.1　新建(New)对话框

左侧列表中的 C++ Source File,在右侧的 File(文件名)文本框中输入该 C 程序文件名,如 1.cpp;在 Location(位置)文本框中输入或选择该 C 程序文件保存的路径;单击 OK(确定)按钮或按 Enter 键,出现如图 1.2 所示的 C 程序编辑窗口。

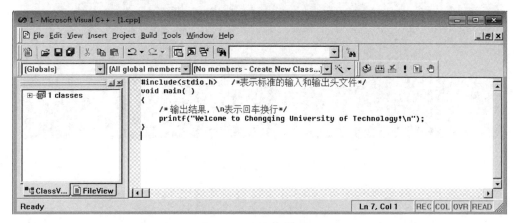

图 1.2　程序编辑窗口

(3) 在编辑窗口输入新程序。如果程序已经存在,则选择 File(文件)菜单中的 Open (打开)菜单项,打开所需的程序。

(4) 输入结束后,注意保存程序。

(5) 选择 Build(组建)菜单中的 Compile(编译)菜单项,编译程序并生成一个工作区,如图 1.3 所示。其中,屏幕下方显示编译信息。如正常通过编译,则最后一行显示"1.obj -0 error(s),0 warning(s)",如出现编译错误则显示"1.obj -n error(s),0 warning(s)"(n 为错误的个数)。向上滚动信息窗口,可以查看错误原因;双击错误提示行,光标可定位到出错位置。修改错误后,重新编译程序,直到编译正确为止。

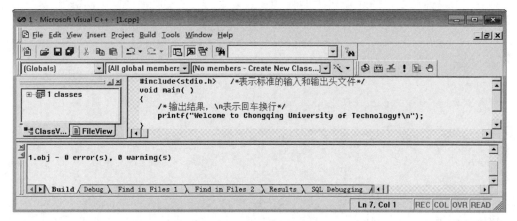

图 1.3　程序编译窗口

(6) 选择 Build(组建)菜单中的 Execute(运行)菜单项,显示程序输出窗口,如图 1.4 所示。按任意键关闭输出窗口,程序运行结束。

【注意】

当一个程序运行结束后,如果需要编辑和运行新的程序,必须关闭当前的工作区。选择 File(文件)菜单中的 Close Workspace(关闭工作区)菜单项,即可关闭当前的工作区。

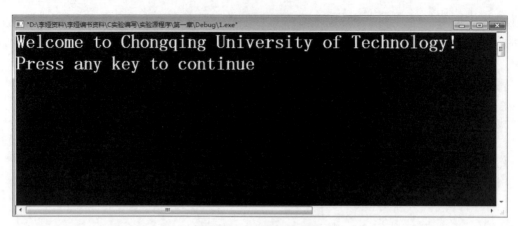

图 1.4　程序输出窗口

2. 分析以下程序,预测其运行结果,并上机检验预测结果。

```
# include < stdio. h >
int main()
{
    printf(" * \n");
    printf(" ***** \n");
    printf(" ********* \n");
    printf(" ************* \n");
    return 0;
}
```

【分析】

(1) 掌握 printf 的基本用法。

(2) 理解 printf 中"\n"在程序中的作用。

(3) 上机前分析运行结果:

(4) 实际上机运行结果:

3. 运行下列程序,并给出其输出结果。

```
# include < stdio. h >
int main()
{
    int a,b,c;
    a = 3;
    b = 4;
    c = a * b;
    printf("c = a * b = % d\n",c);
    return 0;
}
```

【分析】

(1) int 表示整型变量的定义,掌握 int 的用法。

(2) 掌握 printf 语句中格式控制符"%d"的用法。

（3）上机前分析运行结果：

（4）实际上机运行结果：

4. 运行带有输入函数的程序，并给出其输出结果。

```
# include < stdio.h >                /*求圆的面积*/
int main()
{
    float pi, r, s;                  /*定义实型变量*/
    pi = 3.1415926;
    printf("请输入圆的半径: ");
    scanf(" % f", &r);               /*程序第7行*/
    s = pi * r * r;
    printf("s = % f\n", s);
    return 0;
}
```

【分析】
（1）掌握符号常量的用法。
（2）掌握 scanf 语句的用法。如果把程序第 7 行修改为

```
scanf("r = % f",&r);
```

观察程序有无变化。输入半径的方法应为＿＿＿＿＿＿＿＿。
（3）掌握 float 的用法，说明为什么程序在编译时出现如图 1.5 所示的编译结果。

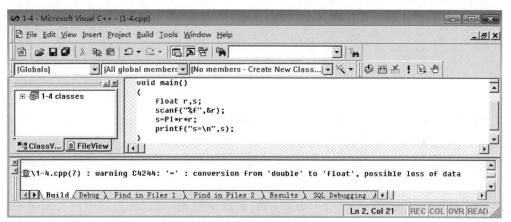

图 1.5　程序编译结果

（4）上机前分析运行结果：

（5）实际上机运行结果：

5. 运行带有自定义函数的程序，并给出其输出结果。

```
# include < stdio.h>
int max( int x, int y)                    /* 子函数的定义 */
{
    int z;
    if(x > y)
            z = x;
    else
            z = y;
    return(z);
}
int main()
{
    int a,b,c;
    int max( int x,int y);                /* 子函数的声明 */
    /* 运行时,输入第一个数后输入逗号,再输入第二个数后回车 */
    scanf(" % d, % d",&a,&b);             /* 输入两个整数 */
    c = max(a,b);                         /* 子函数的调用 */
    printf("max = % d\n",c);
    return 0;
}
```

【分析】

(1) 了解自定义函数的用法。

(2) 如果输入 5 和 9,输入格式应为＿＿＿＿＿＿。

(3) 上机前分析运行结果:

(4) 实际上机运行结果:

6. 编写程序:编写一个 C 程序,要求输出如下图形。

```
             *
           * * *
         * * * *
       * * * * * * *
```

7. 编写程序:任意输入三个整数,计算并输出这三个整数之和。

8. 编写程序:任意输入两个实数,计算并输出两个数的商(可以不考虑除数为 0 的情况)。

9. 编写程序:计算 $y = \sqrt{x} + 2$。说明: $\sqrt{x}$ 表示 x 开平方根,在程序中用头文件 math.h 中的库函数 sqrt()表示。

10. 编写程序:从键盘输入球的半径 r,计算并输出其表面积和体积。

🔑 第2章　数据类型及运算符

一、实验目的

1. 掌握 C 语言的基本数据类型及各种基本类型变量的定义和赋值方法。

2. 学会使用 C 语言的算术运算符和赋值运算符,以及包含这些运算符的表达式,特别是熟悉自加(++)和自减(——)运算符的使用。熟悉各种运算符的优先级与结合性。

3. 掌握各种基本类型数据的混合运算的运算规则。

4. 初步认识和学习简单的 C 语言输入输出函数的使用方法。

5. 进一步掌握 C 程序的编辑、编译、连接和运行过程。

二、实验内容

1. 练习符号常量的使用,计算圆的面积和周长。

```
# include < stdio.h >
# define PI 3.14159      /* 程序第 2 行 */
int main()
{
    float r, s, l;
    scanf(" % f", &r);
    s = PI * r * r;
    l = 2 * PI * r;
    printf(" % f  % f\n",s,l);
    return 0;
}
```

【分析】

(1) 理解符号常量与变量的区别。

(2) 掌握程序第 2 行符号常量的使用方法。

(3) 上机前分析运行结果:

(4) 实际上机运行结果:

2. 练习算术运算及其表达式的使用。

```
# include < stdio.h >
int main()
{
    printf(" % d, % d\n", 10/3, - 10/3);
    printf(" % f, % f\n",10.0/3, - 10.0/3);
    printf(" % d, % d\n", 10 % - 3, - 10 % 3);
    return 0;
}
```

【分析】

(1) 掌握除法运算符/和模运算符%的运算法则。

(2) 上机前分析运行结果:

(3) 实际上机运行结果:

3. 练习字符变量与整型变量的使用。

```
# include < stdio.h >
int main()
```

```
{
    char c1, c2;              /* 程序第 4 行 */
    c1 = 97;                  /* 注意字符值与变量名的区别 */
    c2 = 'b';                 /* 程序第 6 行 */
    /* %c 输出字符，%d 输出带符号十进制整数 */
    printf("输出字符: c1 = %c c2 = %c \n",c1,c2);
    printf("输出整数: c1 = %d c2 = %d \n",c1,c2);
    return 0;
}
```

【分析】

(1) 掌握字符变量与整型变量之间的异同点。

(2) 进一步掌握 printf 语句的用法，引号内除了特殊字符外，其余字符按照原样输出。

(3) 上机前分析运行结果：

(4) 实际上机运行结果：

(5) 将程序第 4 行改为"int c1，c2；"再编译运行，其运行结果：

(6) 将程序第 6 行改为"c2＝b；"，分析编译结果。

4. 理解带符号短整型数据和无符号短整型数据之间的区别。

```
# include < stdio. h >
int main()
{
    short a,b,c,d;
    unsigned short u,v;
    a = 1;
    b = 3;
    c = 6;
    d = - 7;
    u = a + b;
    v = c + d;
    printf("u = %hd,v = %hd\n",u,v);
    printf("u = %hu,v = %hu\n",u,v);
    return 0;
}
```

【分析】

(1) 掌握 short 变量和 unsigned short 变量在内存的存储形式。

(2) 掌握无符号短整型数据分别以"%hd"和"%hu"形式输出的区别。

(3) 上机前分析运行结果：

(4) 实际上机运行结果：

5. 练习各种基本类型数据的混合运算。

```
# include < stdio. h >
# define N 3
```

```
int main()
{
    char c = 'B';
    unsigned int d = 2;
    float f1,f2;
    f1 = 1/3 * c * d * N;
    f2 = c * d * N/3;
    /* %f 输出浮点数,\n 表示回车换行,引号内其他字符原样输出 */
    printf("f1 = %f\n",f1);
    printf("f2 = %f\n",f2);
    return 0;
}
```

【分析】

（1）上机运行，求得 f1 的值为＿＿＿＿＿＿＿＿，f2 的值为＿＿＿＿＿＿＿＿。

（2）分析 f1 和 f2 两个值的区别。为什么会有这样的区别？

6. 练习赋值运算符和逗号运算符的混合运算。

```
#include<stdio.h>
int main()
{
    int a = 4,b = 7;
    printf("%d\n",(a = a + 1,b + a,b + 1));  /* 程序第 5 行 */
    return 0;
}
```

【分析】

（1）写出程序的运行结果。

（2）将程序的第 5 行改为"printf("%d\n",a＝a＋1,b＋a,b＋1);"后再编译运行，观察程序运行结果的变化。

7. 练习复合赋值运算符的使用。

```
#include<stdio.h>
int main()
{
    int a = 3;
    printf("%d\n", a += a -= a * a);          /* 程序第 5 行 */
    printf("%d\n", a += a -= a *= a);          /* 程序第 6 行 */
    return 0;
}
```

【分析】

（1）写出程序的运行结果。

（2）分析程序第 5 行和第 6 行的异同。

8. 练习自加和自减运算符的使用。

```
#include < stdio. h>
int main()
{
    int k = 3,x;
    printf("k = % d\n",k);
    x = k++;
    printf("k = % d,x = % d\n",k,x);
    x = -- k;
    printf("k = % d,x = % d\n",k,x);
    x = - k++;
    printf("k = % d,x = % d\n",k,x);
    return 0;
}
```

【分析】

(1) 掌握 k++ 与 ++k 的区别。

(2) 上机前分析运行结果:

(3) 实际上机运行结果:

9. 将十进制非负数转换成八进制数和十六进制数。

```
#include < stdio. h>
int main()
{
    unsigned num;
    printf("请输入一个十进制非负数: ");
    scanf(" % u",&num);
    printf("十进制非负数: % u\n",num);
    printf("对应八进制数: % o\n",num);
    printf("对应十六进制数: % x\n",num);
    return 0;
}
```

【分析】

(1) 掌握十进制、八进制和十六进制间的相互转换及它们的输出方式。

(2) 写出程序的运行结果。

10. 编写程序:把 1100 分钟换算为小时数加分钟数的表示并输出。

11. 编写程序:任意输入 4 个数,计算并输出这 4 个数的平均值。

12. 编写程序:任意输入一个大写英文字母,将其转换为小写英文字母,输出该小写英文字母及其十进制的 ASCII 码值。

第 3 章　顺序结构和输入输出

一、实验目的

1. 熟练掌握顺序结构的程序设计方法。

2. 理解并运用各种表达式。

3. 熟练掌握输入、输出函数的使用及常用格式字符的使用方法。

二、实验内容

1. 程序改错：输入长方形的边长，计算并输出长方形的面积。

```c
#include<stdio.h>
int main()
{
    float a,b;
    printf("请输入长和宽 a b: ");
/************ found *********/
    scanf("%f %f", a, b);
    printf("面积=%f\n", a*b);
    return 0;
}
```

【分析】

(1) 掌握输入函数 scanf() 的用法。

(2) "found" 的下一行程序应该为_____。修改后重新运行程序，运行结果为

_____。

2. 练习 getchar() 和 putchar() 的使用。

```c
#include<stdio.h>
int main()
{
    char ch1 = '\102', ch2 = '\x44', ch3 = 'a',ch4 = '\n',ch5;
    ch5 = getchar();
    putchar(ch1); putchar('\n');
    putchar(ch2); putchar('\n');
    putchar(ch3); putchar(ch4);
    putchar(ch5);putchar('\n');
    putchar('A'); putchar('\n');
    return 0;
}
```

【分析】

(1) 掌握常用的转义字符的用法。

(2) 如果输入 "a"，写出程序的运行结果。

3. 运行下列程序，并给出其输出结果。

```c
#include<stdio.h>
int main()
```

```
{
    int a = 5,b = 7;
    float x = 67.8564;
    char c = 'A';
    printf("a = %3d,b = %3d\n",a,b);
    printf("a = %-3d,b = %-3d\n",a,b);
    printf("x = %8.2f,x = %4f,x = %.2f,x = %e\n",x,x,x,x);
    printf("%c,%d,%o,%x\n",c,c,c,c);
    return 0;
}
```

【分析】

(1) "%3d"中"3"的作用是_____。

(2) "%3d"和"%-3d"的区别是_____。

(3) 掌握"%m.nf"的输出形式。

(4) 写出程序的运行结果。

4. 下列程序的功能是输入一个华氏温度,计算并输出对应的摄氏温度。

```
#include <stdio.h>
int main()
{
    float c,f;
    printf("请输入一个华氏温度: ");
    scanf("%f",&f);
    c = 5/9 * (f - 32);
    printf("华氏温度 F = %.2f\n",f);
    printf("摄氏温度 c = %.2f\n",c);
    return 0;
}
```

【分析】

(1) 上机前分析运行结果:

(2) 实际上机运行结果:

(3) 分析程序的输出结果是否正确。如果不正确,应该如何修改程序?

5. 调试运行下列程序,并分析其功能。

```
#include <stdio.h>
int main()
{
    int a = 123,b = 234;
    printf("a = %d,b = %d\n",a,b);
    a = a + b;
    b = a - b;
    a = a - b;
    printf("a = %d,b = %d\n",a,b);
    return 0;
}
```

【分析】

（1）写出程序的运行结果。

（2）根据运行结果说明程序的功能。

（3）编写程序：用另一种算法实现该功能。

6. 程序填空：从键盘输入圆柱体的半径 r 和高 h，计算并输出其底面积 s 和体积 v。

```c
# include < stdio.h >
int main()
{
    float pi = 3.1415926;
    float r,h,s,v;
    printf("Please input r,h:");
    scanf(" % f, _____",&r, _____);
    s = _____;
    v = _____;
    printf("area = _____, volume = _____ \n",s,v);
    return 0;
}
```

【分析】

写出程序的运行结果。

7. 编写程序：输出任意一个输入字符的 ASCII 码（提示：接收一个字符变量，以整型输出该变量）。

8. 编写程序：从键盘任意输入两个整数，将其交换次序后输出。

9. 编写程序：从键盘任意输入一个大写字母，输出字母表中位于它之前的那个字母、该字母本身和它之后的那个字母，要求用 getchar() 和 putchar() 实现。

10. 编写程序：从键盘任意输入一个小写字母，分别将它以八进制、十进制、十六进制和字符格式输出。

11. 编写程序：输入三个整数 a、b、c，交换这几个整数的值，把 a 原来的值给 b，b 原来的值给 c，c 原来的值给 a，输出交换后 a、b、c 的值。

12. 编写程序：任意一个两位正整数进行平方运算后，取其百位数和十位数，构成一个新的两位整数并输出。

13. 编写程序：将 Old 译成密码，密码规则是将每个字母替换为其在字母表中的后面第 4 个字母。例如，字母 O 的后面第 4 个字母是 S，则用 S 代替 O。因此 Old 应译为 Sph。

第4章　选择结构程序设计

一、实验目的

1. 掌握 C 语言的关系运算符、逻辑运算符、条件运算符及它们的表达式的用法。
2. 掌握 if 语句的用法。
3. 掌握 switch 语句的用法。
4. 掌握嵌套的选择结构的用法。

二、实验内容

1. 练习常用运算符的混合使用。

```c
# include < stdio. h>
int main( )
{
  int a = 3,b = 4,c = 5;
  int x,y;
  printf("bds1 = % d\n",a + b > c&&b == c);
  printf("bds2 = % d\n",a||b + c&&b - c);
  printf("bds3 = % d\n",!(a > b)&&!c||1);
  printf("bds4 = % d\n",!(x = a)&&(y = b)&&0);
  printf("bds5 = % d\n",!(a + b) + c - 1&&b + c/2);
  printf("bds6 = % d\n",(a = 3)&&(b = 0)&&(c = 1));
  printf("a = % d b = % d c = % d\n",a,b,c);
  return 0;
  }
```

【分析】

(1) 掌握关系表达式和逻辑表达式的使用方法。

(2) 写出程序的运行结果。

2. 程序填空：输入两个数,输出较大的数。

```c
# include< stdio. h>
int main( )
{
    int a,b;
    scanf(" % d % d",&a,&b);
    printf(" % d\n,_____);
    return 0;
}
```

【分析】

(1) 掌握条件运算符的使用方法。

(2) 写出程序的运行结果。

(3) 编写程序：不使用条件运算符,改用 if 语句,求两个数的较大值并输出。

3. 程序填空：将用户输入的字母进行大小写转换并输出（提示：小写字母 a 的 ASCII 码值比大写字母 A 大 32。如果输入的是大写字母，则转换成小写字母；如果输入的是小写字母，则转换成大写字母）。

```
#include < stdio.h >
int main()
{
    char c;
    scanf(" % c",&c);
    if(_____)         _____;
    else if(_____)    _____;
    printf(" % c\n",c);
    return 0;
}
```

写出程序的运行结果。

4. 编写程序：任意输入两个整数，计算并输出商（整数）和余数。如果除数为 0，则给出错误提示。

5. 编写程序：判断输入的正整数是否既是 5 的整数倍又是 7 的整数倍，若是则输出 YES，否则输出 NO。

6. 编写程序：不使用函数实现输出一个整数的绝对值。例如，输入 -2，输出 2；输入 3，输出 3。

7. 编写程序：判断所输入整数的正负性和奇偶性（不考虑它是 0 的情况）。

8. 编写程序：从键盘任意输入三个字符，求 ASCII 码值最大的字符并输出。

9. 编写程序：从键盘任意输入一个年份，判断是不是闰年。
提示：能被 400 整除的年份是闰年；不能被 100 整除但可以被 4 整除的年份是闰年。

10. 使用嵌套的 if 语句实现：输入三个整数，输出其中的最大者。

```
#include < stdio.h >
int main()
{
    int a,b,c;
    scanf(" % d, % d, % d",&a,&b,&c);
    if(a > b)
      if(a > c) printf("max = % d\n",a);
      else printf("max = % d\n",c);
    else
        if(b > c) printf("max = % d\n",b);
        else printf("max = % d\n",c);
    return 0;
}
```

【分析】

(1) 掌握 if 语句的嵌套格式。

(2) 如果为 a、b、c 分别输入 3、9、7,写出程序的运行结果。

(3) 编写程序: 将三个整数按从大到小的顺序输出。

11. 编写程序: 有如下函数,从键盘输入 x,计算并输出 y 的值。

$$y = \begin{cases} |x|, & x < 5 \\ x^3, & 5 \leqslant x < 10 \\ \sqrt{x}, & x \geqslant 10 \end{cases}$$

```c
# include < stdio. h >
# include < math. h >
int main()
{
    float x,y;
    printf("input x:");
    scanf(" % f",&x);
    if(x < 5)
    {
        y = fabs(x);
        printf("x = % .2f, y = fabs(x) = % .2f\n",x,y);
    }
    / ************ found ********* /
    else if(x < 10)
    {
        y = pow(x,3);
        printf("x = % .2f, y = pow(x,3) = % .2f\n",x,y);
    }
    else
    {
        y = sqrt(x);
        printf("x = % .2f, y = sqrt(x) = % .2f\n",x,y);
    }
    return 0;
}
```

【分析】

(1) 运行程序 3 次,分别输入 0、5、80,写出程序的运行结果。

(2) "found"的下一行程序应改为＿＿＿＿＿＿。 修改后重新运行程序,其运行结果为

＿＿＿＿＿＿。

(3) 编写程序: 判断输入数据的符号属性。 即输入 x,输出 sign 的值。

$$\text{sign} = \begin{cases} 1 & x > 0 \\ 0 & x = 0 \\ -1 & x < 0 \end{cases}$$

12. 要求下列程序实现:

(1) 当 a＝0 并且 b＝0 时输出" ****** "。

（2）当 a＝0 并且 b!＝0 时什么也不做。

（3）当 a!＝0 时输出"＃＃＃＃＃＃＃＃"。

分析下列程序中的 if…else 语句能否实现上述功能。

```
# include < stdio. h >
int main()
{
    int a,b;
    scanf(" % d, % d",&a,&b);
    if(a == 0)
          if(b == 0)
                  printf(" ***** \n");
          else printf(" # # # # # # #\n");
    return 0;
}
```

【分析】

（1）掌握 if 与 else 语句匹配的规则。

（2）写出程序的运行结果。

（3）如果不能实现上述题目所要求的功能,该如何修改程序?

13. 多分支结构程序设计练习。分析并运行下列程序。

```
# include < stdio. h >
int main()
{
    int n = 97;
    switch(n/10 - 4)
    {
    case 2:n++;
    case 3:n = n * 2;
    case 5:n = n - 2;
    case 7:n = n + 3;break;
    default:n = n/2;
    }
    printf(" % d\n",n);
    return 0;
}
```

【分析】

（1）掌握多分支结构 switch 语句的用法。

（2）掌握 break 语句的用法。

（3）写出程序的运行结果。

14. 编写程序：输入三个实数,判断能否以它们为边长构成三角形。若能,则计算并输出该三角形的面积,否则输出提示信息。

提示：三角形的面积 s 的计算公式为(a、b、c 为边长)

$$p = (a + b + c)/2.0$$
$$s = \mathrm{sqrt}(p * (p - a) * (p - b) * (p - c))$$

15．编写程序：任意输入一个字符，判断它是大写字母、小写字母、数字还是其他字符，并输出判断结果(例如输入'a'，则输出"小写字母")。

16．编写程序：任意输入四个正整数，计算并输出其中的偶数和与奇数和(例如输入1、2、3、4，其偶数和为6，奇数和为4)。

17．编写程序：从键盘输入一个不多于5位的正整数x，要求输出下列结果。
(1) 输出它是几位数。
(2) 逆序输出各位数字，例如原数为789，则输出987。
提示：该问题的核心是分解出每一位上的数字。

```
a = x/10000;              /*万位数*/
b = x%10000/1000;         /*千位数*/
c = x%1000/100;           /*百位数*/
d = x%100/10;             /*十位数*/
e = x%10;                 /*个位数*/
```

18．编写程序：任意输入一个学生的成绩，如果该数值不在0~100范围内，则输出"error"；如果它在90~100范围内(包括90和100)则为优秀，如果它在70~90范围内(包括70但不包括90)则为良好，如果它在60~70范围内(包括60但不包括70)则为及格，如果它小于60则为不及格。

19．编写程序：实现一个浮点数进行加(＋)、减(－)、乘(＊)、除(/)和幂(使用^表示)运算的简单的计算器。先按如下格式输入表达式(允许运算符前后有空格)，然后输出该表达式的值。

```
操作数1　运算符op　操作数2
```

若除数为0，则输出"Division by zero!"；若运算符非法，则输出"Invalid operator!"。

20．编写程序：在屏幕上显示一张如下所示的时间表。

```
********** Time **************
1 morning
2 afternoon
3 night
Please enter your choice:
```

用户根据提示输入所选择的序号，程序根据输入的序号显示相应的问候信息。输入1时显示"Good morning"，输入2时显示"Good afternoon"，输入3时显示"Good night"，对于其他的输入显示"Selection error!"。用switch语句编程实现。

第 5 章　循环结构程序设计

一、实验目的

1. 了解 C 语言循环结构的使用范围。

2. 掌握用 while 语句、do…while 语句和 for 语句实现循环的方法。

3. 掌握在程序设计中用循环的结构实现各种算法(如穷举、递推等)。

二、实验内容

1. 运行下列程序,并给出其输出结果。

```c
# include < stdio. h>
int main()
{
    int i = 1, sum = 0;
    while(i < 10)
    {
        sum += i;
        i = i + 2;
    }
    printf("sum = % d\n", sum);
    return 0;
}
```

【分析】

(1) 掌握 while 语句的用法。

(2) 写出程序的运行结果。

(3) 编写程序: 把该程序改为用 for 语句实现循环。

2. 程序填空: 输入一个整数,求每位数字之和。例如,输入的数是 4512,则结果为 4+5+1+2=12。

```c
# include < math. h>
# include < stdio. h>
int main()
{
    long n;
    int sum = 0;
    printf("enter N: ");
    scanf(" % ld", &n);
    do
    {
        sum = _____;
        n = n/10;
    }while(_____);
    printf("sum = % d\n", sum);
    return 0;
}
```

【分析】

写出程序运行结果。

3. 程序改错：计算 $1-3+5-7+\cdots-99+101$ 的值(提示：注意符号的变化规律)。

```
#include < stdio.h >
int main()
{
    int   i,t = 1,s = 0;        /* t标识正负符号 */
/* ********* found ********* /
    for(i = 1;i < 101;i += 2)
    {
        s += i * t;
        t = - t;
    }
    printf("s = % d\n",s);
    return 0;
}
```

【分析】

(1) 掌握 for 语句的使用方法。

(2) 用 for 语句实现累加求和、求积的算法。

(3) "found"的下一行语句应改为＿＿＿＿＿＿。修改后重新运行程序,其运行结果为

＿＿＿＿＿＿。

4. 分析下列程序,运行时输入 $24579 < CR >$ $(< CR >$表示回车换行)。

```
#include < stdio.h >
int main()
{   int c;
    while((c = getchar())!= '\n')
    {    switch(c - '2')
        {    case 0:
            case 1: putchar(c + 4);
            case 2: putchar(c + 4);break;
            case 3: putchar(c + 3);
            case 4: putchar(c + 2);break;
            default: putchar(c);
        }
    }
    printf("\n");
    return 0;
}
```

【分析】

写出程序的运行结果。

5. 程序填空：下面程序的功能是输出 100 以内个位数字为 3 且能被 3 整除的所有整数。

```
#include < stdio.h >
int main()
{
    int i,j;
    for(i = 0;＿＿＿＿＿＿＿＿＿＿＿＿＿＿＿;i++)
    {    j = i * 10 + 3;
        if(＿＿＿＿＿＿＿＿＿＿＿＿＿)
```

```
                continue;
        printf("%4d",j);
    }
    return 0;
}
```

【分析】

写出程序的运行结果。

6. 输入一个数 m,判断其是否为素数。

```
#include < stdio.h>
#include < math.h>
int main()
{
    int n,i;
    printf("enter N: ");
    scanf("%d",&n);
    for(i = 2; i < n; i++)
        if(n % i == 0) break;
    if(_____)
      printf("%d是素数!\n",n);
    else
      printf("%d不是素数!\n",n);
    return 0;
  }
```

【分析】

(1) 掌握判定素数的算法(含 break 语句的使用方法)。

(2) 写出程序的运行结果。

(3) 编写程序:输出 1~100 的全部素数。

7. 程序填空:用辗转相除法求出两个正整数的最大公约数和最小公倍数。

```
#include < stdio.h>
int main()
{
    int m,n,t,k,p;
    printf("m = ");
    scanf("%d",&m);
    printf("n = ");
    scanf("%d",&n);
    if(m < n)
    {_____}
    k = m;
    p = n;
    while(_____)
    {
        t = n;
        n = m % n;
        m = _____;
    }
    printf("最大公约数:%d\n",n);
```

```
    printf("最小公倍数：%d\n",_____);
    return 0;
}
```

【分析】

写出程序的运行结果。

8. 编写程序：在屏幕上输出 * 组成的正三角形图案，行数由键盘输入。当输入 4 时，输出如下：

```
                       *
                      ***
                     *****
                    *******
#include<stdio.h>
int main()
{
    int i,j;
    for(i=1;i<=4;i++)
    {
        for(j=1;j<=4-i;j++)
            printf(" ");
        for(j=1;j<=2*i-1;j++)
            printf(" * ");
        printf("\n");
    }
    return 0;
}
```

【分析】

(1) 掌握多层循环的编程方法。

(2) 编写程序：仿照上述程序，输出倒三角形图案。

(3) 编写程序：仿照上述程序，输出下列图案。

```
  1
 2 2 2
3 3 3 3 3
```

9. 输出圆。

```
#include<stdio.h>
#include<math.h>
int main()
{
    double y;
    int x,m;
    for(y=10;y>=-10;y--)
    {
        m=2.5*sqrt(100-y*y);    /*程序第9行*/
        for(x=1;x<30-m;x++)
```

```
                printf(" ");            /*圆形的左侧空白*/
        printf(" * ");                  /*圆的左侧*/
        for(;x<30+m;x++)
                printf(" ");            /*圆形的空心部分*/
        printf(" * \n");                /*圆的右侧*/
    }
    return 0;
}
```

【分析】

(1) 进一步理解多层循环的执行顺序。

(2) 程序第 9 行的作用是计算行 y 对应的列坐标 m。2.5 是屏幕纵横比调节系数,因为屏幕的行距大于列距,如果不调节显示的将是椭圆。

10. 编写程序:求 100 以内能同时被 3 和 7 整除的自然数并输出。

11. 编写程序:求 $\sum_{i=1}^{100} i + \sum_{i=1}^{50} i^2 + \sum_{i=1}^{10} \frac{1}{i}$ 并输出结果。

12. 编写程序:求 $1! + 2! + \cdots + 10!$ 并输出结果。

13. 编写程序:任意输入 10 个整数,分别求出其中的奇数和偶数之和并输出。

14. 编写程序:从键盘输入 10 个整数,求其中的最大数与最小数并输出。

15. 编写程序:输入一行字符,分别统计并输出其中字母、数字和其他字符的个数。

16. 编写程序:输入一行字符,将小写字母转换为大写字母,大写字母转换为小写字母,其余字符按照原样输出。

17. 编写程序:输入一行字母(以 # 结束),将这些字母加密输出(例如 a 变成 c,b 变成 d,z 变成 b)。

18. 编写程序:找出 1000 以内的所有完数。如果一个自然数恰好等于它的所有因子之和,这个数就称为"完数"。例如,28 的因子是 1、2、4、7、14,且 $1+2+4+7+14=28$,则 28 是完数。

19. 编写程序:求 1000 以内的所有同构数。同构数指一个自然数的平方的尾数等于该数自身。例如,5 是 25 的尾数,25 是 625 的尾数,因此 5 和 25 都是同构数。

20. 编写程序：输出所有的"水仙花数"。所谓的"水仙花数"指一个 3 位正整数,其各位数字的立方和等于该数本身。例如,153 是一个水仙花数,因为 $153 = 1^3 + 5^3 + 3^3$。

21. 编写程序：求解百马百担问题。有 100 匹马,驮 100 担货,大马驮 3 担,中马驮 2 担,两匹小马驮 1 担,共有多少种驮法?

22. 编写程序：一个球从 100m 高度自由落下,每次落地后反弹回原高度的一半,再落下,再反弹……求它在第 10 次落地时共经过的路径长度和第 10 次反弹的高度。

第 6 章　函数

一、实验目的
1. 熟练掌握函数的定义和使用方法。
2. 掌握函数实参与形参的对应关系,以及函数"参数传递"的方式。
3. 掌握函数的返回值和类型。
4. 掌握函数的嵌套调用和递归调用的方法。
5. 掌握全局变量和局部变量、动态变量、静态变量的概念及使用方法。

二、实验内容
1. 程序填空：求 3 个数中的最大值。

```c
#include<stdio.h>
int main()
{
    int a,b,c,m;
    int max(int x,int y);                  /* 函数声明 */
    printf("input a,b,c=");
    scanf("%d,%d,%d",&a,&b,&c);

    _____
    printf("最大值是: %d\n",m);
    return 0;
}
int max(int x,int y)                       /* 函数定义 */
{
    int z;
    z=(x>y)?x:y;
    return z;
}
```

【分析】
(1) 掌握函数原型、函数定义及函数调用的概念。
(2) 能够根据函数的定义,写出函数的调用形式。
(3) 写出程序的运行结果。

(4) 如果用一条语句完成填空部分,应该是_____。

2. 分析并运行下列程序。

```c
# include < stdio. h >
int main()
{
    int p(int x, int n);          / * 程序第 4 行 * /
    int x = 5, n = 3;
    printf("p = % d\n",p(x,n));
    return 0;
}
int p(int x,int n)
{
    int i,f = 1;
    for(i = 1;i < = n;i++)
        f = f * x;
    return f;
}
```

【分析】

（1）程序第 4 行语句的作用是＿＿＿＿＿＿＿＿＿＿＿＿。

（2）掌握函数调用过程中实参和形参的关系。

（3）程序中函数 p()的功能是＿＿＿＿＿＿＿＿＿＿＿＿。

（4）写出程序的运行结果。

3. 程序填空：下列程序中函数 sushu()用来判断 n 是否为素数。

```c
# include < stdio. h >
# include < math. h >
int sushu( int n)
{
    int i;
    for(i = 2;i < = sqrt(n) + 1;i++)
        if(n % i == 0) return 0;
    return 1;
}
int main()
{
    int k;
    int sushu(int n);       / * 理解此语句的作用,思考能否省略它 * /
    for(k = 1;k < = 1000;k++)
    if(_____) printf(" % 5d",k);
    printf("\n");
    return 0;
}
```

【分析】

（1）掌握判断素数的算法。

（2）写出程序的运行结果。

4. 编写程序：下列程序中函数 mul()实现两个数相乘,完善自定义函数 mul()。

```c
# include < stdio. h >
```

```c
int mul(int a, int b)
{



}
int main()
{
    int x,y,z;
    printf("x = ");
    scanf(" % d",&x);
    printf("y = ");
    scanf(" % d",&y);
    z = mul(x,y);
    printf("z = % d",z);
    return 0;
}
```

5. 编写程序：下列程序的功能是计算 $1!+2!+\cdots+n!$，其中函数 fun() 实现 $n!$，完善自定义函数 fun()。

```c
# include < stdio.h >
long fun(int x)
{




}
int main()
{
    int i,n;
    long sum = 0;
    printf("input n:");
    scanf(" % d",&n);
    for(i = 1;i < = n;i++)
        sum = sum + fun(i);
    printf(" % ld\n",sum);
    return 0;
}
```

6. 编写程序：从键盘输入一个整数，用函数编程，求出该整数共有几位数字。

7. 编写程序：输出 n 以内的所有完全数，要求判断完全数用函数实现。

8. 编写自定义函数，判断一个数是不是水仙花数。在主函数中调用该函数，输出 $100 \sim$ 999 所有的水仙花数。

9. 分析并运行下列程序。

```
# include < stdio. h >
int f( int a, int b)
{
    int c;
    if(a > b)
        c = 1;
    else if(a == b)
        c = 0;
    else
        c = - 1;
    return(c);
}
int main()
{
    int i = 2, p;
    p = f( i, i += 1);          / * 程序第 4 行 * /
    printf(" % d\n", p);
    return 0;
}
```

【分析】

（1）分析函数参数传递的顺序。

（2）写出程序的运行结果。

（3）将函数 main（）中第 4 行语句改为"p＝f（i＋＝1,i）;"，则程序的运行结果为
_____。

（4）通过比较分析，得出函数的参数求值顺序是_____。

10. 分析并运行下列程序。

```
# include < stdio. h >
void swap( int a, int b)
{
    int temp;
    temp = a;
    a = b;
    b = temp;
}
int main()
{
    int m = 1, n = 2;
    swap( m, n);
    printf(" % d, % d", m, n);
    return 0;
}
```

【分析】

（1）理解参数传递的过程是实参传递给形参，而非形参传递给实参。

（2）写出程序的运行结果。

11. 练习函数的嵌套调用。分析并运行下列程序。

```c
# include < stdio. h>
void pri( int z)                 /* 定义函数 pri() */
{
    printf("%d", z);
}
void max( int x, int y)          /* 定义函数 max() */
{
    int z;
    z = x > y?x:y;
    pri(z);                      /* 调用函数 pri() */
}
int main()
{
    int a = 1,b = 2;
    max(a,b);
    return 0;
}
```

【分析】

(1) C 程序允许函数的嵌套调用,不允许函数的嵌套定义。

(2) 掌握函数的嵌套调用及执行顺序。

(3) 写出程序的运行结果。

12. 练习函数的递归调用。分析并运行下列程序。

```c
# include < stdio. h>
int f( int n)
{
    if(n == 1||n == 2)
            return 1;
    else
            return f(n - 1) + f(n - 2);
}
int main()
{
    printf("%d + %d = %d\n",f(4),f(5),f(6));
    return 0;
}
```

【分析】

(1) 掌握函数的递归调用及执行顺序。

(2) 写出程序的运行结果。

13. 编写程序:用递归算法求 $n!$。

14. 下列程序采用递归算法实现输入一个正整数,逆序输出该数的每一位。例如,输入 123456,输出 654321。

```c
# include < stdio. h>
```

```
void t(long n)
{
    printf(" % c",n % 10 + 48);
    if(n > 10)
        t(n/10);
}
int main()
{
    long x;
    printf("begin in number N:");
    scanf(" % ld",&x);
    printf("end out character string:\n");
    t(x);
    printf("\n");
    return 0;
}
```

【分析】

（1）理解递归算法如何实现逆序输出。

（2）写出程序的运行结果。

15. 练习使用全局变量与局部变量。分析并运行下列程序。

```
# include < stdio. h >
int a = 4,b = 6;
int max( int a, int b)
{
    int c;
    c = a > b?a:b;
    return c;
}
int main()
{
    int a = 9;
    printf(" % d\n",max(a,b));
    return 0;
}
```

【分析】

（1）理解全局变量和局部变量的概念及使用方法。

（2）上述程序中，函数 main()的局部变量是＿＿＿＿＿＿＿＿，函数 max()的局部变量是＿＿＿＿＿＿＿＿，全局变量是＿＿＿＿＿＿＿＿。

（3）写出程序的运行结果。

16. 练习使用动态变量与静态变量。分析并运行下列程序。

```
# include < stdio. h >
int f( int a)
{
    auto int b = 1;              / * * 动态变量 * * /
    static int c = 1;            / * * 静态变量 * * /
```

```
        b = b + 1;
        c = c + 1;
        return(a + b + c);
}
int main()
{
        int f(int);
        int a = 10, i;
        for(i = 0; i < 3; i++)
            printf(" % 4d", f(a));
        return 0;
}
```

【分析】

(1) 理解静态变量和动态变量的概念及使用方法。

(2) 写出程序的运行结果。

17. 编写程序：实现电子时钟。

```
# include < stdio. h >
# include < windows. h >
# include < stdlib. h >
/ * 全局变量 * /
int h = 0;
int m = 0;
int s = 0;
void Update();               / * 更新数据 * /
void Print();                / * 输出时间 * /
int main()
{
    for( ; ; )
    {
        Update();
        system("cls");       / * 清除控制台 * /
        Print();
    }
    return 0;
}

void Update()
{
    s++;
    Sleep(1000);             / * 延迟 1s(秒) * /
    if(s == 60)
    {
            s = 0;
            m++;
    }
    if(m == 60)
    {
            m = 0;
            h++;
    }
    if(h == 24)
            h = 0;
}
```

```
void Print()
{
    printf("数字时钟：\n");
    printf(" % 02d: % 02d: % 02d\n", h,m,s);
}
```

【分析】

(1) 理解系统函数和用户自定义函数的区别。

(2) 写出程序的运行结果。

18. 编写程序：编写一个函数，判断一个整数是不是回文数。提示：34543 是回文数，个位与万位数字相同，十位与千位数字相同。

19. 编写程序：编写一个递归函数，计算组合 C_m^n。

20. 编写程序：编写函数 fun(int x, int y, int z, int n)，其功能是从 x 个红球、y 个白球、z 个黑球中任意取出 n 个球，且其中必须有红球和白球。要求输出所有方案。

21. 编写程序：计算并输出 1000 以内的所有孪生素数，并统计这些孪生素数的数量。提示：相差 2 的两个素数称为孪生素数。例如，3 和 5、41 和 43 都是孪生素数。

22. 编写程序：用递归的算法计算斐波那契数列。提示：斐波那契数列指的是前两个数都是 1，以后每个数都是其前两个数之和。例如 1、1、2、3、5、8、13……

23. 编写程序：采用递归算法，编程计算汉诺塔问题中完成 n 个圆盘的移动所需的移动次数。

第 7 章　数组

一、实验目的

1. 掌握一维数组和二维数组的定义、初始化、赋值、数组元素的引用形式。

2. 掌握数组的输入与输出方法。

3. 了解与数组有关的算法。

二、实验内容

1. 运行程序，分析运行结果。

```
# include < stdio.h >
int main()
{
    int a[6],i;
    for(i = 0;i < 6;i++)
```

```
        {
                a[i] = 9 * (i + 2) % 5;
                printf(" % d",a[i]);
        }
        putchar('\n');
        return 0;
}
```

【分析】

(1) 掌握用 for 语句调用数组的使用方法。

(2) 写出程序的运行结果。

2. 程序填空：在循环体中对数组进行输入操作,并以每行 5 个数的格式输出。

```
# include < stdio. h>
# define N 10
int main()
{
        int i, a [N];
        for(i = 0; i < N; i++)
                scanf(" % d",_____);
        for(i = 0; i < N; i++)
        {
                if(_____)
                        printf("\n");
                printf(" % 11d",_____);
        }
        printf("\n");
        return 0;
}
```

【分析】

(1) 掌握一维数组的输入与输出方法。

(2) 写出程序的运行结果。

(3) 编写程序：仿照上述程序,用一维数组完成下列输出。

```
1    2    3
4    5    6
7    8    9
```

3. 程序填空：在第一个循环中给数组 a 的 10 个元素依次赋值 $1,2,3,\cdots,10$；在第 2 个循环中使数组的值变为 $1,2,3,4,5,5,4,3,2,1$。

```
# include < stdio. h>
int main()
{
        int i,a[10];
        for(i = 0;i < 10;i++)
                a[i] = _____;
        for(i = 0;i < 5;i++)
                _____ = a[i];
```

```
    for(i = 0;i < 10;i++)
        printf(" % 4d",_____);
    return 0;
}
```

【分析】

（1）掌握一维数组元素初始化的方法。

（2）写出程序的运行结果。

4. 程序填空：将数组的元素逆序存储。例如,数组 a 中的元素为 1,3,2,4,6,5,9,8,逆序后为 8,9,5,6,4,2,3,1。

```
# include < stdio. h >
# define N 8
int main()
{
    int a[N],i,j,t;
    for(i = 0;i < N;i++)
        scanf(" % d",_____);
    for(i = 0,j = N - 1;i < j;_____)
    {
        t = a[i];
        a[i] = _____;
        a[j] = t;
    }
    for(i = 0;i < N;i++)
        printf(" % 4d",a[i]);
    printf("\n");
    return 0;
}
```

【分析】

（1）掌握逆序存储的算法。

（2）写出程序的运行结果。

5. 编写程序：任意输入 10 个数,求其中的最大数和最小数并输出。将其中最大数与最小数的位置交换后,再输出调整后的数组。

6. 编写程序：任意输入 10 名同学的成绩并存放到一维数组中,求这 10 名同学的平均分,并输出低于平均分的所有成绩。

7. 编写程序：把一个数组中的所有奇数存放在另一个数组中并输出。

8. 编写程序：统计 2～100 的素数,并存储于数组 a 中。

9. 程序填空：用简单选择法给 10 个整数排序。

```
#define N 10
#include<stdio.h>
int main()
{
    int i,j,min,temp,a[N]={1,5,4,3,7,0,9,8,2,6};
    for(i=0;i<N-1;i++)
    {
        min=i;
        for(j=i+1;_____;j++)
            if(a[min]>a[j])
                min=j;
        if(min!=i)
        {_____}
    }
    printf("\n 排序结果为: \n");
    for(i=0;i<N;i++)
        printf("%5d",a[i]);
    printf("\n");
    return 0;
}
```

【分析】

(1) 掌握选择排序算法。

(2) 写出程序的运行结果。

10. 程序填空：下列程序用冒泡法将 10 个数排序(从小到大)。

```
#define N 10
#include<stdio.h>
int main()
{
    int i,j,temp,a[N]={1,5,4,3,7,0,9,8,2,6};
    for(i=0;i<N;i++)
        for(j=0;_____;j++)
            if(_____)
            {
                temp=a[j];
                a[j]=a[j+1];
                a[j+1]=temp;
            }
    printf("\n 排序结果为: \n");
    for(i=0;i<10;i++)
        printf("%4d",a[i]);
    printf("\n");
    return 0;
}
```

【分析】

(1) 掌握冒泡排序算法。

(2) 写出程序的运行结果。

11. 编写程序：有一个已排序的数组,要求输入一个数,按照原来的顺序将它插入数组中。

12. 编写程序：有 10 个数按从大到小的顺序存放在一个数组中,输入一个数,要求用折半查找法找出该数是数组中的第几个元素。如果该数不在数组中,则输出"无此数"。

13. 程序填空：下列程序求二维数组中的最小数及其下标并输出(设最小数是唯一的)。

```c
# include < stdio. h >
int main()
{
    int i,j,row,col,min;
    int a[3][4] = {{1,2,3,4},{9,8,7,6},{-1,-2,0,5}};
    min = a[0][0];
    row = col = 0;
    _____
    for(j = 0;j < 4;j++)
        if(_____)
            {
                min = a[i][j];
                row = i;
                col = j;
            }
    printf("min = % d,row = % d,col = % d\n",min,row,col);
    return 0;
}
```

【分析】

(1) 掌握在二维数组中求最大数与最小数的算法。

(2) 写出程序的运行结果。

14. 程序填空：以下程序输出杨辉三角(最多 10 行)。

```c
        1
        1   1
        1   2   1
        1   3   3   1
        1   4   6   4   1
        1   5   10  10  5   1
        ...
# define N 11
# include < stdio. h >
int main()
{
    int i,j,a[N][N];
    for(i = 1;i < N;i++)
    {
        a[i][1] = 1;
        _____;
    }
    for(i = 3;i < N;i++)
        for(j = 2;_____;j++)
            a[i][j] = a[i-1][j-1] + a[i-1][j];
        for(i = 1;i < N;i++)
        {
            for(j = 1;j <= i;j++)
                printf(" % 6d", a[i][j]);
```

```
                    _____;
            }
            printf("\n");
    return 0;
}
```

【分析】

（1）掌握二维数组元素初始化的方法。

（2）写出程序的运行结果。

15．程序填空：下列程序对数组 a 的主对角线和次对角线上的元素分别求和，并分别存放于 s1 和 s2 中。

```
#include< stdio. h>
int main()
{
    int i,j,a[3][3] = {1,3,6,2,4,8,3,9,4};
    int s1 = 0, s2 = 0;
    for(i = 0;i < 3;i++)
            for(j = 0;j < 3;j++)
                    if(i == j)
                            s1 = s1 + _____;
    for(i = 0;i < 3;i++)
            for(_____;j > = 0;j -- )
                    if(_____ == 2)
                            s2 = s2 + a[ i][ j];
    printf("s1 = % d,s2 = % d",s1,s2);
    return 0;
}
```

【分析】

（1）理解主对角线和次对角线的概念。

（2）写出程序的运行结果。

16．编写程序：输入一个 3 行 3 列的二维数组，分别统计各行元素之和并输出其结果。

17．编写程序：用二维数组实现第 2 题中下列输出。

```
1   2   3
4   5   6
7   8   9
```

18．编写程序：通过赋初值按行顺序将一个 3×4 的二维数组赋值为 2、4、6、8、10 等偶数，然后按照列顺序输出该数组。

19．编写程序：找出一个二维数组中的鞍点，即该位置上的元素值在该行上最大、在该列上最小。二维数组也可能没有鞍点。

20. 运行下列程序,给出其运行结果。

```
# include < stdio. h >
int main()
{
    char c,s[ ] = "BABCDCBA";
    int k;
    for(k = 1;(c = s[k])!= '\0';k++)
    {
        switch(c)
        {
            case 'A':putchar('?');continue;
            case 'B':++k;break;
            default:putchar(' * ');
            case 'C':putchar('&');continue;
        }
        putchar('#');
    }
    putchar('\n');
    return 0;
}
```

【分析】

(1) 掌握 break 和 continue 的区别。

(2) 写出程序的运行结果。

21. 程序填空:输入一串字符,计算其中字母的个数。

```
# include < stdio. h >
# include < string. h >
# define N 81
int   main()
{
    char ch[N];
    int i,count = 0;
    puts("请输入一串字符: ");
    _____;      /* 提示: 使用字符串输入函数 */
    for(i = 0;i < strlen(ch);i++)
        if(_____)
            count++;
    printf("字母个数为: % d \n", count);
    return 0;
}
```

【分析】

(1) 掌握字符串相关函数的用法。

(2) 写出程序的运行结果。

22. 编写程序:任意输入一串字符,要求分别统计出其中的大写字母、小写字母、数字和其他字符的个数。

23. 编写程序:输入一串字符,要求将其逆序处理后存储并输出。

24. 程序填空：下列程序将两个字符串连接起来，不使用字符函数 strcat()。

```c
# include < stdio. h >
# define N 80
int main()
{
    char s1[2 * N],s2[N];
    int i = 0,j = 0;
    printf("\n请输入两个字符串,以空格或回车键作为字符串结束标志: \n");
    scanf(" % s",____);
    scanf(" % s",_____);
    while (s1[i]!= '\0')
        i++;
    while (_____)
        s1[i++] = s2[j++];
    s1[i] = '\0';
    printf("\n连接后的两个字符串为: \n% s\n",s1);
    return 0;
}
```

【分析】

(1) 掌握不使用字符串函数,实现求字符串的长度、为字符串赋值、连接两个字符串的功能。

(2) 写出程序的运行结果。

25. 编写程序：不使用函数 strlen(),求字符串的长度。

26. 练习将数组元素作为实参。分析并运行程序。

```c
# include < stdio. h >
void nzp(int v)
{
    if(v > 0)
        printf("\n% d",v);
    else
        printf("\n% d",0);
}
int main()
{
    int a[5],i;
    printf("input 5 numbers\n");
    for(i = 0;i < 5;i++)
    {
        scanf(" % d",&a[i]);
        nzp(a[i]);
    }
    printf("\n");
    return 0;
}
```

【分析】

(1) 理解数组元素与数组名作为函数参数的区别。

(2) 如果输入 1、−2、3、−4、−9 这 5 个数,写出程序的运行结果。

27. 练习将数组名作为函数参数。分析并运行程序。

```
# include < stdio. h >
void swap(float x[2])
{
    float t;
    t = x[0];
    x[0] = x[1];
    x[1] = t;
}
int main()
{
    void swap(float x[2]);
    float a[2] = {10.5,2.7};
    printf("%4.1f\t,%4.1f\n",a[0],a[1]);
    swap(a);
    printf("%4.1f\t,%4.1f\n",a[0],a[1]);
    return 0;
}
```

【分析】

(1) 理解数组名作为函数参数是传址调用，属于“双向”传递。

(2) 注意与第 29 题程序区别。

(3) 写出程序的运行结果。

28. 程序填空：求 100 以内能被 2 整除但不能被 6 整除的整数，并把结果保存在数组 b 中。其中函数 fun() 返回数组 b 的元素个数。

```
# include < stdio. h >
# define N 100
int fun(int b[])
{
    int i,j;
    for(_____;i < N;i++)
        if(i % 2 == 0&&i % 6!= 0)
            _____ = i;
    return j;
}
int main()
{
    int i,n,a[N];
    n = fun(a);
    for(i = 0;i < n;i++)
    {
        if(i % 5 == 0)
            printf("\n");
        printf("%4d",a[i]);
    }
    return 0;
}
```

【分析】

(1) 进一步理解数组名作为函数参数。

(2) 写出程序的运行结果。

29. 程序改错：二维数组作为函数参数。

```
# include < stdio. h>
/ ******** found ****** /
int func( int a[ ][ ] )
{
    int i, j, sum = 0;
    for( i = 0; i < 3; i++)
    for( j = 0; j < 3; j++)
            if( i == j)
                sum += a[ i][ j];
    return sum;
}
int main()
{
    int a[ ][3] = {0,2,4,6,8,10,12,14,16},sum;
    / ******** found ****** /
    sum = func(a[ ][3]);
    printf("\n sum = % d\n",sum);
    return 0;
}
```

【分析】

(1) 理解二维数组作为函数参数也是地址调用,实现"双向"传递。

(2) 写出程序的运行结果。

30. 编写程序：在一个数组 A 中存放 100 个数,用子函数判断该数组中哪些是素数,并统计素数的个数,在主函数中输出素数的个数。

31. 编写程序：编写一个函数,将一个十进制数转换为十六进制数,在主函数实现输入和输出。

32. 编写程序：实现将用户输入的一个字符串中所有的字符 c 删除,并输出结果。

33. 编写程序：不使用函数 strcmp(),比较两个字符串 s1 和 s2 的大小。若 s1>s2,输出一个正数；若 s1=s2,输出 0；若 s1<s2,输出负数。两个字符串用函数 gets()读入。输出的正数或负数的绝对值应是相比较的两个字符串相应字符的 ASCII 码的差值。例如 "and"和"aid"比较,根据第 2 个字符比较结果,n 比 i 大 5,因此应输出 5。

34. 编写程序：输入一行字符,将字符中的字母加密输出,即第 1 个字母变成第 26 个字母,第 i 个字母变成第 $(26-i+1)$ 个字母(如 a 变成 z,b 变成 y,c 变成 x),非字母字符不变。

35. 编写程序：从键盘输入一个字符串 s1,在 s1 中的最大元素后边插入字符串 s2。例如 s1 为"and",s2 为"ef",插入后 s1 变为"anefd"。

36. 输出跑马灯。

```c
#include<stdio.h>
#include<windows.h>
char led[] = "|/-\\";
int main()
{
    int i;
    for(i = 0; i < 100; i++)
    {
        printf("%c\r",led[i%4]);          //在同一行不断输出字符
        Sleep(200);                        //延迟 100ms
    }
    return 0;
}
```

第8章　指针

一、实验目的

1. 掌握指针的概念,以及指针变量的定义和使用。

2. 理解指针变量与指针所指向变量之间的关系。

3. 熟练掌握 C 语言指针的常见运算。

4. 掌握指针与数组的关系。

5. 了解指针与字符串的关系。

6. 掌握指针与函数的关系。

7. 了解指向指针的指针这一概念及其使用方法。

二、实验内容

1. 练习指针的运用。分析并运行程序。

```c
#include<stdio.h>
int main()
{
    int i,j, * p, * q;
    p = &i;
    q = &j;
    i = 5;
    j = 8;
    printf("%d, %d, %d, %d\n",i,j,p,q);
    printf("%d, %d\n",&i, * &i);
    printf("%d, %d\n",&j, * &j);
    return 0;
}
```

【分析】

(1) 掌握指针的概念、指针变量的定义和使用方法。

(2) 理解程序中 &j 和 * &j 的含义。

(3) 写出程序的运行结果。

2. 用指针求三个数中的最大数,并输出其结果。

```c
# include < stdio. h >
int main()
{
    int i = 3, j = 8, k = 11, * x, * y, * z, * m;
    x = &i; y = &j; z = &k;
    m = x;
    if( * x < * y)
        m = y;
    if( * m < * z)
        m = z;
    printf(" % d\n", * m);
    return 0;
}
```

【分析】

(1) 理解用指针求最大数的方法。

(2) 写出程序的运行结果。

3. 用指针输出一维数组中的数组元素。

```c
int main()
{
    int a[ ] = {4,5,6};
    int i, * p;
    p = a;
    for(i = 0; i < 3; i++)
        printf(" % d, % d, % d, % d\n",a[ i ],p[ i ], * (p + i), * (a + i));
    return 0;
}
```

【分析】

(1) 理解一维数组和指针的关系。

(2) 掌握用指针法和下标法分别对一维数组元素进行输入与输出操作。

(3) 写出程序的运行结果。

4. 练习指针与数组的运用。分析并上机运行程序。

```c
# include < stdio. h >
int main()
{
    int a[ ] = {1,3,5,7,9,11,13};
    int * p = a;
    printf("1 -- % d\n", * p);
    printf("2 -- % d\n", * (++p));
    printf("3 -- % d\n ", * ++p);
    printf("4 -- % d\n ", * (p -- ));
    printf("5 -- % d\n ", * p -- );
    printf("6 -- % d\n", * p++);
    printf("7 -- % d\n",++( * p));
    printf("8 -- % d\n",( * p)++);
```

```
    p = &a[2];
    printf("9 -- % d\n", * p);
    printf("10 -- % d\n", * (++p));
    p++;
    printf("11 -- % d\n ", * p);
    return 0;
}
```

【分析】

（1）掌握指针与自增的混合运算。

（2）上机前分析运行结果：

（3）实际上机运行结果：

5. 分析并上机运行程序。

```
# include < stdio. h >
int main()
{
    int a[6] = {1,2,3,4,5,6};
    int * p, i, s = 1;
    p = a;
    for(i = 0; i < 6; i++)
        s * = * (p + i);
    printf(" % d\n",s);
    return 0;
}
```

【分析】

（1）掌握指针变量对一维数组的操作。

（2）写出程序的运行结果。

6. 程序填空：输入 10 个整数到一个一维数组中，把该数组中所有值为偶数的元素放到另一个数组中并输出。

```
# include < stdio. h >
int main()
{
    int num[10], i, dnum[10], di;
    int * p;
    p = num;
    for(i = 0; i <= 9; i++)          / * 输入 10 个整数 * /
    {
        scanf(" % d", p + i);
    }
    di = 0;                          / * 偶数个数清 0 * /
    for(i = 0; i <= 9; i++)
    {

        _____

        _____

    }
```

```
    p = dnum;
    for(i = 0;i < di;i++)                    /* 输出所有偶数 */
    {
            _____
    }
    return 0;
}
```

【分析】

写出程序的运行结果。

7. 练习指针与字符串的运用。分析并上机运行程序。

```
#include < stdio.h >
int main()
{
    char a[] = "abcdef";
    char * b = "ABCDEF";
    int i;
    for(i = 0;i < 3;i++)
        printf("%c, %s\n", * a,b + i);
    printf(" ------------------------------ \n");
    for(i = 3;a[i];i++)
    {
        putchar( * (b + i));
        printf("%c\n", * (a + i));
    }
    return 0;
}
```

【分析】

(1) 掌握字符指针变量的概念及用法。

(2) 写出程序的运行结果。

8. 通过指针实现字符串的赋值操作。分析并上机运行程序。

```
#include < stdio.h >
int main()
{
    char s[] = "student";
    char * t = "teacher", * p;
    p = s;
    while( * t!= '\0')
        * p++ = * t++;
    printf("%s\n",s);
    return 0;
}
```

【分析】

(1) 掌握字符指针变量的用法。

(2) 写出程序的运行结果。

9. 程序填空：输入一行字符(不超过 100 个)，统计其中大写字母的个数。

```c
# include < stdio. h>
int main()
{
    int cle = 0;
    char * p,s[101];
    printf("请输入一行字符: ");
    gets(s); //StUdEnT
    p = s;
    while( * p!= '\0')
    {
        if(( * p > = 'A')&&( * p < = 'Z'))
            ++cle;
        p++;
    }
    printf("大写字母个数 = % d\n",cle);
    return 0;
}
```

【分析】

写出程序的运行结果。

10. 程序填空：判断某字符串中是否有字符'm'，并统计它的个数。要求：阅读下列程序，将空格部分补充完整，并上机验证。

```c
# include < stdio. h>
int main()
{
    char * ps,s[25];
    int n = 0,i;
    _____;
    printf("input a string:");
    gets(ps);
    for(i = 0; * (ps + i)!= '\0';i++)
    {
        if(_____)
            n++;
    }
    if(_____)
        printf("There is 'm' in the string, n = % d. \n",n);
    else
        printf("There is no 'm' in the string. \n");
    return 0;
}
```

【分析】

写出程序的运行结果。

11. 程序填空：输入两个整数，通过函数 swap() 交换这两个整数的值。在函数 main() 中输入两个整数，输出交换后的结果。

```c
# include < stdio. h>
void swap( int * p1,int * p2)
{
    int i;
```

```
        i = _____;  _____;  _____;
}
int main()
{
    int n1,n2;
    printf("请输入两个整数:");
    scanf("%d%d",&n1,&n2);
    swap(_____);
    printf("%d, %d\n",n1,n2);
    return 0;
}
```

【分析】

(1) 掌握指针变量作为函数参数的用法。

(2) 写出程序的运行结果。

12. 程序填空:定义函数 search(int * t,int n,int * a),实现查找数组中的最小数。

```
# include< stdio. h>
int a[10];
void search( int  * t, int n, int  * a)
{
    int k,m;
    m = t[0];
    for(k = 1;k < n;k++)
            if(m > t[k])
            _____;
     * a = m;
}
int main()
{
    int i,min, * p = _____;
    for(i = 0;i < 10;i++)
            scanf("%d",a + i);
    search(_____,p);
    printf("min = %d\n",min);
    return 0;
}
```

【分析】

(1) 掌握指针变量作为函数参数的用法及求最小数的算法。

(2) 写出程序的运行结果。

13. 程序填空:将数组 a 中的 10 个整数按相反顺序存放。

```
# include< stdio. h>
#define N 10
void inv( int  * x, int n)              / * 理解和掌握本函数的算法 * /
{
    int t,i;
    for(i = 0;i < = (n - 1)/2;i++)
    {
```

```
            t = * (x + i);
            * (x + i) = * (x + n - 1 - i);
            * (x + n - 1 - i) = t;
        }
}
int main()
{
    int i,a[N];
    for(i = 0;i < N;i++)
        scanf(" % d",a + i);
    printf("原序为:\n");
    for(i = 0;i < N;i++)
        printf(" % 6d",a[i]);
    inv(_____);
    printf("\n");
    printf("逆序为:\n");
    for(i = 0;i < N;i++)
        printf(" % 6d", * _____);
    printf("\n");
    return 0;
}
```

【分析】

写出程序的运行结果。

14. 编写程序:输入 $n(n \leqslant 1000)$ 个整数到数组中。编写 find_max() 函数,找出数组中的最大值元素和此元素的下标(设最大值是唯一的)。

要求在 main() 函数中输入数据,输出最大值及其下标。分析以下代码,将空白的部分补充完整,并上机验证。

提示:最大值元素的值用 return 语句返回给主调函数,该元素的下标通过指针形参返回给主调函数。

```
# include < stdio. h >
int find_max(int * data,int * pos)
{



}
int main()
{
    int data[1000];                 /* 定义数组的长度为 1000 */
    int i,max,pos,n;
    printf("Please input the num of data:");
    scanf(" % d",&n);               /* 输入实际元素的个数 n, n < = 1000 */
    for(i = 0;i < n;i++)
    {
        scanf(" % d",&data[i]);
    }
    /* max 用于存放最大值,pos 用于存放最大值的下标 */
    max = find_max(data,&pos);
    printf(" % d, % d",max,pos);
    return 0;
}
```

【分析】

写出程序的运行结果。

15. 分析并上机运行程序。

```
# include < string. h>
# include < stdio. h>
# include < stdlib. h>
int main()
{
    char str1[20],str2[20],str3[20];
    void swap(char * p1,char * p2);
    printf("请输入三个字符串:");
    scanf(" % s",str1);
    scanf(" % s",str2);
    scanf(" % s",str3);
    if(strcmp(str1,str2)> 0)
        swap(str1,str2);
    if(strcmp(str1,str3)> 0)
        swap(str1,str3);
    if(strcmp(str2,str3)> 0)
        swap(str2,str3);
    printf("三个字符串为:\n");
    printf(" % s\n% s\n% s\n",str1,str2,str3);
    return 0;
}
void swap(char * p1,char * p2)
{
    char * p;
    p = (char * )malloc(sizeof(char) * 20);    /* 函数 malloc()用于动态分配内存 */
    strcpy(p,p1);
    strcpy(p1,p2);
    strcpy(p2,p);
    free(p);                                   /* 函数 free()用于释放函数 malloc()申请的内存 */
}
```

【分析】

(1) 输入"mcb""bcd""Kbefr",分析程序结果。

(2) 输入"mcb""bcd""Kbefr",上机运行程序输出结果。

(3) 本程序的功能是: _____。

16. 编写程序:编写函数 len(),求一个字符串的长度。要求在函数 main() 中输入字符串,并输出其长度。

```
# include < stdio. h>
int len(char * str)
{



}
```

```
int main()
{
    char str[1024];
    gets(str);
    printf(" % d",len(str));
    return 0;
}
```

【分析】

写出程序的运行结果。

17. 编写程序：编写函数 s_copy()，实现两个字符串的复制。要求在函数 main() 中输入一个字符串，并在函数 main() 中输出复制后的字符串。

```
# include < stdio. h >
void s_copy(char * str1,char * str2)
{




}
int main()
{
    char str1[1024],str2[1024];
    gets(str1);
    s_copy(str1,str2);
    puts(str2);
    return 0;
}
```

【分析】

写出程序的运行结果。

18. 编写程序：编写函数 convert()，把字符串中的小写字母转换成大写字母。要求在函数 main() 中输入字符串，并输出转换后的字符串。

```
# include< stdio. h >
void convert(char * p)
{



}
int main()
{
    char str[100];
    gets(str);
    convert(str);
    puts(str);
    return 0;
}
```

【分析】

写出程序的运行结果。

19. 程序填空：将一个整数字符串转换为一个整数，如"－1234"转换为－1234。

```c
# include < stdio. h >
# include < string. h >
int main()
{
    char s[7];
    int n;
    int chnum(char * p);
    _____
    if(s[0] == ' － ')
            n = － chnum(s + 1);
    else if( * s == ' + ')
                n = chnum(s + 1);
            else
                n = chnum(s);
    printf(" % d\n",n);
    return 0;
}
int chnum(char * p)
{
    int num = 0,k,len,j;
    len = strlen(p);
    for(; * p!= '\0';p++)
    {
        k = _____
        j = ( －－ len);
        while(j > 0)
        {
            k = k * 10;
            j－－ ;
        }
        _____
    }
    return(num);
}
```

20. 编写程序：输入一行字符(不超过1024个)，分别统计其中大写字母、小写字母、空格、数字及其他字符的数量。要求用字符数组存放输入的字符，用指针对字符数组进行访问。

21. 程序填空：求两个整数中的较大数。

```c
# include < stdio. h >
int * max( int * x, int * y)
{
    if( * x > * y)
            return x;
    else
            return y;
}
int main()
```

```
{
    int a,b;
    printf("请输入两个整数 a,b: ");
    scanf("%d,%d",&a,&b);
    printf("较大数是: %d\n", * max(&a,&b));
    return 0;
}
```

【分析】

（1）掌握指针型函数的定义及用法。

（2）写出程序的运行结果。

22. 分析并上机运行程序。

```
#define NL printf("\n");
#include< stdio.h>
int main()
{
    int i,j, * p,a[4][3] = {{1,2,3},{4,5,6},{7,8,9},{10,11,12}};
    printf("\n%d\t%d\t%d\t%d\n",a[0],a[1],a[2],a[3]);
    for(p = a[0] + 2, i = 0;i < 10;i++)
    {
        printf("%5d", * p++);
    }
    NL
    for(i = 0;i < 4;i++)
    {
        printf("%d", * (a + i));          /* 输出的是地址值 */
        for(j = 0,p = * (a + i) + j;j < 3;j++)
        {
            printf("%5d", * p++);
        }
        NL
    }
    return 0;
}
```

【分析】

（1）理解二维数组中行地址与列地址的区别。

（2）上机前分析运行结果：

（3）实际上机运行结果：

23. 分析并上机运行程序。

```
#include< stdio.h>
int main()
{
    void tran(int n,int x[]);
    int a[4][4] = {{3,8,9,10},{2,5, - 3,5},{7,0, - 1,4},{2,4,6,0}};
    tran(1, * (a + 0));
    tran(1,a[0]);
```

```
        tran(0,a[2]);
        tran(0,&a[2][0]);
        return 0;
}
void tran(int n,int arr[])
{
        int i;
        for(i = 0;i < 4;i++)
        {
                printf("%d,",arr[n * 4 + i]);
        }
        printf("\n");
}
```

【分析】

(1) 上机前分析运行结果:

(2) 实际上机运行结果:

24. 分析并上机运行程序。

```
#include<stdio.h>
#define NL printf("\n");
int main()
{
    int a[4][3] = {{1,2,3},{4,5,6},{7,8,9},{10,11,12}};
    int ( * p1)[3],( * p2)[3];
    p1 = a;
    p2 = a;
    NL
    printf("1: %d, %d", * ( * (p1 + 0)), * ( * (p2 + 0)));
    NL
    p1++;
    p2++;
    printf("2: %d, %d", * p1[0], * p2[0]);
    NL
    printf("3: %d, %d", * ( * (p1 + 1) + 2), * ( * (p2 + 1) + 2));
    NL
    return 0;
}
```

【分析】

(1) 掌握指针变量在二维数组中的应用。

(2) 上机前分析运行结果:

(3) 实际上机运行结果:

25. 程序填空:设有 5 名学生,每名学生参加 4 门课程的考试,通过程序检查这些学生有无考试成绩不及格的课程。若某名学生有课程成绩不及格,就输出该学生的序号(序号从 0 开始)及其全部课程成绩。

```
# include < stdio.h >
int main()
{
    int score[5][4] = {{62,87,67,95},{95,85,98,73},
                        {66,92,81,69},{78,56,90,99},{60,79,82,89}};
    int ( * p)[4],j,k,flag;
    p = score;
    for(j = 0;j < 5;j++)
    {
        flag = 0;
        for(k = 0;k < 4;k++)
        {
            if( * ( * (p + j) + k)< 60)
            {
                flag = 1;
            }
        }
        if(_____)
        {
            printf("No. % d is fail,scores are :\n",j);
            for(k = 0;k < 4;k++)
            {
                _____
            }
            printf("\n");
        }
    }
    return 0;
}
```

【分析】

写出程序的运行结果。

26. 编写程序:输入 3 个整数,按从大到小的顺序输出。要求用指针实现。

27. 编写程序:将 n 个数按输入顺序的逆序排列。要求用指针实现。

28. 编写程序:任意输入一串字符,把该字符串中的小写字母转换为大写字母,大写字母转换为小写字母,输出转换后的新字符串。要求用指针实现。

29. 编写程序:用字符指针变量实现 5 个字符串的输入,比较字符串的大小,然后输出 5 个字符串中最小的字符串。

30. 编写程序:有一个字符串包括 n 个字符,将此字符串中从第 m 个字符开始的全部字符复制为另一个字符串。要求不能使用字符串函数,而用函数和指针实现。

🔑 第 9 章　编译预处理

一、实验目的
1. 掌握宏定义的方法。
2. 掌握文件包含的处理方法。
3. 了解条件编译的方法。

二、实验内容
1. 练习宏定义的使用。分析并运行程序。

```c
#include< stdio.h>
#define ADD(x) x + 10
int main()
{
    int a = 5;
    int sum = ADD(a) * 2;
    printf("sum = % d\n",sum);
    return 0;
}
```

【分析】

(1) 掌握带参数和不带参数宏定义的使用方法。

(2) 写出程序的运行结果。

2. 分析并运行程序。

```c
#include< stdio.h>
#define N 2
#define M N + 1
#define NUM (M + 1) * M/2
int main()
{
    int i,n = 0;
    for(i = 1;i < = NUM;i++)
    {
        n++;
    }
    printf(" % d\n",n);
    return 0;
}
```

【分析】

(1) 理解带参数宏定义中括号的作用。

(2) 写出程序的运行结果。

3. 程序填空：以下程序调用宏 EX(x,y),实现 x 值与 y 值的交换。

```c
#include< stdio.h>
#define EX(a,b) a = a + b, _____
```

```
int main()
{
    int x = 2, y = 5;
    EX(x,y);
    printf("x = % d,y = % d\n",x,y);
    return 0;
}
```

【分析】

写出程序的运行结果。

4. 练习条件编译的使用。分析并运行程序。

```
# include < stdio. h >
int main()
{
    int a = 3;
    # define a 2
    # define f(b) a * (b)
    int c = 3;
    printf(" % d\n",f(c + 1));
    # undef a
    printf(" % d\n",f(c + 1));
    # define a 1
    printf(" % d\n",f(c + 1));
    return 0;
}
```

【分析】

（1）了解条件编译的用法。

（2）写出程序的运行结果。

5. 程序填空：求数组中的最大元素,完善并运行程序。

```
# define   N   10
# define   TEST   1              / * 程序第 2 行 * /
# include < stdio. h >
int main()
{
    int i, max, a[N];
    #  if   TEST
            for(i = 0;  i < N;  i++)
                    a[i] = 10 + i;
    #  else
    for(i = 0;  i < N;i++)
            scanf(" % d",&a[i]);
    _____
    max = a[0];
    for(i = 1;i < N;i++)
            if(max _____ a[i])
                    max = a[i];
    printf("Max = % d\n",max);
    return 0;
}
```

【分析】

(1) 写出程序的运行结果。

(2) 将程序的第 2 行改为"♯ define　TEST　0",写出程序的运行结果。

6. 分析并运行程序。

```
# include < stdio. h >
int main()
{
    int a = 10,b = 5,c;
    c = a/b;
    # ifdef DEBUG                /* 程序第 6 行 */
            printf("a = % d,b = % d\n",a,b);
    # endif
    printf("c = % d\n",c);
    return 0;
}
```

【分析】

(1) 写出程序的运行结果。

(2) 在主函数前插入一行命令如下:

```
# define DEBUG
```

写出程序的运行结果。

(3) 将程序第 6 行的♯ ifdef 替换成♯ ifndef,写出程序的运行结果。

第 10 章　复杂数据类型

一、实验目的

1. 掌握结构体类型、共用体和枚举类型的概念及定义形式。

2. 掌握结构体类型和共用体类型变量的定义和变量成员的引用形式。

二、实验内容

1. 练习结构体的运用。分析并运行程序。

```
# include < stdio. h >
# include < string. h >
struct student
{
    int num;
    char name[20];
    char sex;
    int age;
```

```
        float score;
        char addr[30];
    };
int main()
{
    struct student a,b = {12345,"hejin",'m',99,91.50,"chongqing"};
    printf("enter num:");scanf("%d",&a.num);
    printf("enter name:");scanf("%s",a.name);
    printf("enter sex:");scanf("%*c%c",&a.sex);
    printf("enter age:");scanf("%d",&a.age);
    printf("enter score:");scanf("%f",&a.score);
    printf("enter addr:");scanf("%s",a.addr);
    printf("%d %s %c %d %f %s\n",a.num,a.name,a.sex,a.age,a.score,a.addr);
    printf("%d %s %c %d %f %s\n",b.num,b.name,b.sex,b.age,b.score,b.addr);
    return 0;
}
```

【分析】

(1) 掌握结构体类型的定义及输入和输出方法。

(2) 写出程序的运行结果。

2. 练习结构体数组的运用。分析并运行程序。

```
#include <stdio.h>
#include <string.h>
struct person
{
    char stuno[8];
    char name[10];
    int age;
};
int main()
{
    int i;
    struct person stu[4];
    for(i = 0;i < 4;i++)
    {
        printf("enter %d No.:",i+1);scanf("%s",&stu[i].stuno);
        printf("enter %d name:",i+1);scanf("%s",&stu[i].name);
        printf("enter %d age :",i+1);scanf("%d",&stu[i].age);
        printf("\n");
    }
    printf("\nNo.\t\tName\t\t\tAge\n");
    for(i = 0;i < 4;i++)
        printf("%s\t\t%-9s\t\t%-d\n",stu[i].stuno,stu[i].name,stu[i].age);
    return 0;
}
```

【分析】

(1) 掌握结构体数组类型的定义及输入和输出方法。

(2) 写出程序的运行结果。

3. 程序填空：将下表数据用结构体变量存放并输出。要求阅读下列程序,将其补充完整,并上机验证。

姓　　名	年　　龄	月　　薪
李明	25	2500
王丽	22	2300
赵小勇	30	3000

```c
# include < stdio. h>
int main()
{
    struct shn{ char  * name; int old; int salary; };
    struct shn member1,member2,member3;
    member1. name = "李明"; member1. old = 25; member1. salary = 2500;
    _____
    _____
    printf(" % 10s, % 2d, % 4d 元\n", _____);
    printf(" % 10s, % 2d, % 4d 元\n", _____);
    printf(" % 10s, % 2d, % 4d 元\n",member3. name,member3. old,member3. salary);
    return 0;
}
```

【分析】

(1) 掌握结构体指针类型的定义及输入和输出方法。

(2) 写出程序的运行结果。

4. 程序填空:已知三个人的姓名和年龄,输出三个人中年龄最大者的姓名和年龄。要求阅读下列程序,将空格部分补充完整,并上机验证。

```c
# include < stdio. h>
typedef struct                          / * 理解 typedef 的含义 * /
{
    char name[20];
    int age;
}stu;
stu person[] = {"li - ming",18, "wang - hua",19, "zhang - ping",20};
int main()
{
    int i,pos;
    pos = 0;
    for(i = 1;i < 3;i++)
    {
        if(person[i].age > _____)
        {
            pos = i;
        }
    }
    printf(" % s, % d\n", _____, _____);
    return 0;
}
```

【分析】

写出程序的运行结果。

5. 编写程序：用结构体变量定义一个学生的信息，包括学号、姓名、语文成绩、数学成绩、英语成绩。在程序中输入该学生的信息，求出该学生的平均成绩，并输出该学生的全部信息（包括学号、姓名、语文成绩、数学成绩、英语成绩）和平均成绩。要求自己设计输出格式，使其清晰、美观。

6. 练习共用体的运用。分析并运行程序。

```c
#include<stdio.h>
int main()
{
    union
    {
        int a;
        char b;
    }ab;
    ab.a = 97; ab.b = 'A';
    printf("ab.a = %d,ab.b = %c\n",ab.a,ab.b);
    return 0;
}
```

【分析】

（1）掌握共用体类型的定义及输入和输出方法。

（2）写出程序的运行结果。

7. 阅读以下程序，分析并运行程序。

```c
#include<stdio.h>
union myun
{
    struct
    {int x,y,z;} u;
    int k;
}a;
int main()
{
    a.u.x = 4;
    a.u.y = 5;
    a.u.z = 6;
    a.k = 0;
    printf("%d\n",a.u.x);
    return 0;
}
```

【分析】

写出程序的运行结果。

8. 练习枚举的运用。分析并运行程序。

```c
#include<stdio.h>
int main()
{
```

```
enum num{a, b,c = 21,d,e,f};
enum num w,x,y,z;
w = a;
x = b;
y = c;
z = e;
printf("w = % d,x = % d,y = % d,z = % d\n",w,x,y,z);
return 0;
}
```

【分析】

（1）掌握枚举类型的定义及输入和输出方法。

（2）写出程序的运行结果。

9. 阅读以下程序，分析并运行程序。

```
# include < stdio. h >
enum Season
{
    spring, summer = 100, fall = 96, winter
};
typedef enum
{
    Monday, Tuesday, Wednesday, Thursday, Friday, Saturday, Sunday
}Weekday;
int main()
{
    int x;
    Season mySeason;
    printf(" % d\n",spring);
    printf("%d, % c\n",summer,summer);
    printf(" % d \n", fall + winter);
    mySeason = winter;
    if(mySeason == winter)
        printf("mySeason is winter. \n");
    x = 100;
    if(x == summer)
        printf("x is equal to summer. \n");
    Weekday today = Saturday;
    Weekday tomorrow;
    tomorrow = (Weekday)(today + 1);
    printf(" % d\n",tomorrow);
    return 0;
}
```

【分析】

（1）写出程序的运行结果。

（2）将程序的倒数第 4 行"tomorrow =（Weekday）（today＋1）;"改为"tomorrow =（today＋1）;"，观察编译结果的变化并分析其原因。

10. 程序填空：有五名学生，每名学生的数据包括学号、姓名和三门课的成绩。从键盘输入五名学生数据,要求输出每名学生三门课的平均成绩,以及总分最高的学生的数据(包括学号、姓名和平均成绩)。

```c
#include<stdio.h>
struct student
{
    char num[6];
    char name[9];
    int score[4];
    float avr;
}stu[5];
int main()
{
    int i,j,max,maxi,sum;
    for(i=0;i<5;i++)          /* 输入 */
    {
        printf("\n 请输入学生 %d 的成绩:\n",i+1);
        printf("学号: ");
        scanf("%s",stu[i].num);
        printf("姓名: ");
        _____
        for(j=0;j<3;j++)
        {
            printf("%d 成绩: ",j+1);
            _____
        }
    }
    /* 计算 */
    max=0;
    maxi=0;
    for(i=0;i<5;i++)
    {
        sum=0;
        for(j=0;j<3;j++);
            sum += _____;
        stu[i].avr = _____;
        if(sum>max)
        {
            max=sum;
            maxi=i;
        }
    }
    printf("  学号       姓名      平均分\n");
    for(i=0;i<5;i++)
    {
        printf("%8s %10s",stu[i].num,stu[i].name);
        printf("%10.2f\n",stu[i].avr);
    }
    printf("总分最高的学生的学号是 %d,姓名是 %s, 其平均成绩是 %f\n",_____);
    return 0;
}
```

【分析】

写出程序的运行结果。

11. 程序填空:定义结构体类型,用于记录学生的学号、姓名、出生日期(年、月、日)。编写程序,从若干学生记录中搜索指定学号的学生,并将其信息输出(假定学号是唯一的)。

```
# include < stdio. h >
# include < string. h >
struct stu
{
    _____
    char name[9];
    int year,month,day;
}member[3] = {"11103070201","李明",1994,12,14,
            "11103070202","王丽",1994,3,20,
            "11103070203","赵小勇",1993,6,18};
int main()
{
    int i;
    char no[12];
    printf("Please input a no:");
    gets(no);
    for(i = 0;i < 3;i++)
    {
        if(_____)
        {
            printf(" % s, % s, % d - % d - % d",_____,_____,_____,_____,_____);
            break;
        }
    }
    return 0;
}
```

【分析】

写出程序的运行结果。

第 11 章　文件

一、实验目的

1. 理解文件、缓冲文件系统和文件结构体指针的概念。

2. 掌握文件操作的具体步骤。

3. 学会使用打开、关闭、读、写文件等文件操作函数。

4. 学会用缓冲文件系统对文件进行简单的操作。

二、实验内容

1. 下列程序中文本文件 myfile. txt 的内容为"STUDENT!",分析并运行程序。

```
# include < stdio. h >
int main()
{
    FILE * fp;
    char str[40];
    fp = fopen("myfile.txt","r");
    fgets(str,5,fp);
    printf(" % s\n",str);
    fclose(fp);
    return 0;
}
```

【分析】

（1）掌握文件的打开和关闭操作。

（2）掌握文件相关的函数操作。

（3）写出程序的运行结果。

2. 将由键盘输入的字符存储到文件中，以"♯"作为结束，分析并运行程序。

```c
# include < stdio. h >
# include < stdlib. h >
int main()
{
    FILE * fp;
    char ch,filename[10];
    printf("Please input filename:");
    scanf(" % s",filename);
    if((fp = fopen(filename,"w")) == NULL)
    {
        printf("cannot open file\n");
        exit(0);
    }
    printf("Please input string:");
    ch = getchar();
    while(ch!= '♯')
    {
        fputc(ch,fp);
        putchar(ch);
        ch = getchar();
    }
    fclose(fp);
    return 0;
}
```

【分析】

写出程序的运行结果。

3. 程序填空：从键盘输入 10 个整数，将其全部输出到一个磁盘文件 data. dat 中保存起来。

```c
# include < stdio. h >
# include < stdlib. h >
int main()
{
    FILE * fp;
    int num;
    int i = 0;
    if((fp = _____ ) == NULL)
    {
        printf("打不开文件 \n");
        exit(0);
    }
    while(i < = 9)
    {
        _____                    /* 输入一个整数到 num 中 */
```

```
        fprintf(fp," % d",num);
        i++;
    }
    _____
    return 0;
}
```

【分析】

写出程序的运行结果。

4. 把一个文件的内容复制到另外的文件中，分析并运行程序。

```
# include < stdio. h >
# include < stdlib. h >
int main( )
{
    FILE * in, * out;
    char ch,infile[10],outfile[10];
    printf("Please enter the infile name:\n");
    scanf(" % s",infile);
    printf("Please enter the outfile name:\n");
    scanf(" % s",outfile);
    if((in = fopen(infile, "r")) == NULL)
    {
        printf("Cannot open infile. \n");
        exit(0);
    }
    if((out = fopen(outfile, "w")) == NULL)
    {
        printf("Cannot open outfile. \n");
        exit(0);
    }
    while(!feof(in))
        fputc(fgetc(in), out);
    fclose(in);
    fclose(out);
    return 0;
}
```

【分析】

写出程序的运行结果。

5. 程序填空：从已经建立好的磁盘文件 exe. txt 中读取若干整数，将读出的整数输出到显示器上，每行输出 10 个整数。

```
# include < stdio. h >
# include < stdlib. h >
int main( )
{
    FILE * fp;
    int num;
    int i = 0;
    if((fp = _____ ) == NULL)
```

```
        {
                printf("打不开文件 \n");
                exit(0);
        }
        while(!feof(fp))
        {
                _____    /* 从文件中读入一个整数到 num 中 */
                printf(" %d ",num);
                i++;
                if(i == 10)
                        putchar('\n');
        }
        _____
        return 0;
}
```

【分析】

写出程序的运行结果。

6. 程序填空：从键盘输入一个字符串(不超过 99 个字符)，将其中的小写字母全部转换成大写字母，然后将这些大写字母输出到一个磁盘文件 test. dat 中保存起来。

```
# include < stdio. h >
# include < stdlib. h >
int main()
{
    FILE  * fp;
    char str[100];
    int i = 0;
    if((fp = _____) == NULL)
    {
            printf("打不开文件 \n");
            exit(0);
    }
    printf("输入一个字符串: \n");
    _____
    while(str[i]!= '\0')
    {
        if(str[i]> = 'a'&&str[i]< = 'z')
        {
                _____
        }
        fputc(str[i],fp);
        i++;
    }
    _____
    return 0;
}
```

【分析】

写出程序的运行结果。

7. 将从键盘输入的个人信息存储到结构体中，再将结构体的数据写入二进制文件中，再将文件的内容存储到结构体中,并输出到屏幕。

```c
#include <stdio.h>
#define SIZE 2
struct student_type
{       char name[10];
        int num;
        int age;
        char addr[15];
}stud[SIZE];
void save()
{
    FILE *fp;
    int i;
    if((fp = fopen("d:\stu_dat","wb")) == NULL)
    {
            printf("cannot open file\n");
            return;
    }
    for(i = 0;i < SIZE;i++)
            if(fwrite(&stud[i],sizeof(struct student_type),1,fp)!= 1)
                printf("file write error\n");
    fclose(fp);
}
void display()
{
    FILE *fp;
    int i;
    if((fp = fopen("d:\stu_dat","rb")) == NULL)
    {
            printf("cannot open file\n");
            return;
    }
    for(i = 0;i < SIZE;i++)
    {
            fread(&stud[i],sizeof(struct student_type),1,fp);
            printf("%-10s %4d %4d %-15s\n",stud[i].name,
                            stud[i].num,stud[i].age,stud[i].addr);
    }
    fclose(fp);
}
int main()
{
    int i;
    for(i = 0;i < SIZE;i++)
    scanf("%s%d%d%s",stud[i].name,&stud[i].num,&stud[i].age,stud[i].addr);
    save();
    display();
    return 0;
}
```

【分析】

写出程序的运行结果。

第 12 章　链表、栈和队列

一、实验目的

1. 了解链表的概念,掌握链表的基本操作。

2. 了解栈和队列的特点。

3. 掌握内存的动态分配方法。

4. 掌握栈和队列的基本操作方法,包括初始化、入栈、出栈、入队、出队等。

5. 掌握栈和队列的基本应用。

二、实验内容

1. 根据以下头文件内容,完成相关实验。

```c
                                            /* 顺序表头文件 sequlist.h */
#include <stdio.h>
#include <stdlib.h>
#define MAXSIZE 100
  typedef int datatype;
  typedef struct{
    datatype a[MAXSIZE];
    int size;
  }sequence_list;

void initseqlist(sequence_list * L)    /* 函数 initseqlist()的功能是初始化顺序表 */
{   L->size = 0;
}

void input(sequence_list * L)            /* 函数 input()的功能是输入顺序表 */
{   datatype x;
    initseqlist(L);
    printf("请输入一组数据,以 0 作为结束符: \n");
    scanf("%d",&x);
    while(x)
    {   L->a[L->size++] = x;
            scanf("%d",&x);
    }
}

/* 函数 inputfromfile()的功能是从文件输入顺序表 */
void inputfromfile(sequence_list * L, char * f)
{   int i,x;
    FILE * fp = fopen("f.txt","r");        /* 需要自行创建以空格间隔若干整数的文件 f.txt */
    L->size = 0;
    if(fp)
    {   while(!feof(fp))
        {
            fscanf(fp,"%d",&L->a[L->size++]);
        }
        fclose(fp);
    }
}

void print(sequence_list * L)            /* 函数 print()的功能是输出顺序表 */
```

```
{    int i;
     for(i = 0;i < L -> size;i++)
        {    printf(" % 5d",L -> a[i]);
             if ((i + 1) % 10 == 0) printf("\n");
        }
     printf("\n");
}
```

(1) 基于 sequlist. h 中定义的顺序表,编写算法函数 reverse(sequence_list * L),实现顺序表的原地倒置。

```
# include "sequlist. h"
void reverse(sequence_list * L)
{                                          / * 请将函数补充完整 * /



}
int main()
{
     sequence_list L;                      / * 定义顺序表 * /
     input(&L);                            / * 输入测试用例 * /
     print(&L);                            / * 输出原顺序表 * /
     reverse(&L);                          / * 顺序表倒置 * /
     print(&L);                            / * 输出新顺序表 * /
}
```

(2) 编写函数 void sprit(sequence_list * L1, sequence_list * L2, sequence_list * L3),将顺序表 L1 中的数据进行分类,奇数存放到顺序表 L2 中,偶数存放到顺序表 L3 中。

```
# include "sequlist. h"
void sprit(sequence_list * L1, sequence_list * L2, sequence_list * L3)
{                                          / * 请将函数补充完整 * /



}
int main()
{    sequence_list L1, L2, L3;             / * 定义三个顺序表 * /
     input(&L1);                           / * 输入 L1 * /
     sprit(&L1, &L2, &L3);                 / * 对 L1 进行分类 * /
     print(&L1);                           / * 输出 L1、L2 和 L3 * /
     print(&L2);
     print(&L3);
}
```

(3) 已知顺序表 L1、L2 中的数据由小到大有序,用尽可能快的方法将 L1 与 L2 中的数据合并到 L3 中,使数据在 L3 中按升序排列。

```
# include "sequlist. h"
void merge(sequence_list * L1, sequence_list * L2, sequence_list * L3)
{                                          / * 请将函数补充完整 * /


```

```
    }
int main()
{
    sequence_list L1, L2, L3;
    input(&L1);                          /*输入时请输入有序数据*/
    input(&L2);                          /*输入时请输入有序数据*/
    merge(&L1, &L2, &L3);                /*合并数据到 L3*/
    print(&L3);                          /*输出 L3*/
}
```

（4）假设顺序表 la 与 lb 分别存放两个整数集合，函数 inter(seqlist * la, seqlist * lb, seqlist * lc)的功能是求顺序表 la 与 lb 的交集并将其存放到顺序表 lc 中，请将函数补充完整。

```
# include "sequlist.h"
void inter(sequence_list * la, sequence_list * lb, sequence_list * lc)
{                                        /*请将函数补充完整*/



}
int main()
{
    sequence_list la, lb, lc;
    inputfromfile(&la,"1.txt");          /*由文件 1.txt 建立顺序表 1a*/
    inputfromfile(&lb,"2.txt");          /*由文件 2.txt 建立顺序表 1b*/
    print(&la);                          /*输出 la*/
    print(&lb);                          /*输出 lb*/
    inter(&la,&lb,&lc);                  /*求 la 与 lb 的交集并存于 lc 中*/
    print(&lc);                          /*输出 lc*/
    return 0;
}
```

（5）编写算法函数 partion(sequence_list * L)，尽可能快地将顺序表 L 中的所有奇数调整到表的左边，所有偶数调整到表的右边。

```
# include "sequlist.h"
void partion(sequence_list * L)
{                                        /*请将函数补充完整*/



}
int main()
{
    sequence_list L;
    inputfromfile(&L, "3.txt");
    print(&L);                           /*输出表 L*/
    partion(&L);
    print(&L);                           /*输出新表*/
    return 0;
}
```

（6）已知长度为 n 的线性表 L 采用顺序存储结构，编写一个时间复杂度为 O(n)、空间复杂度为 O(1)的算法函数，该函数删除线性表中所有值为 x 的数据元素。

```
# include "sequlist.h"
/* 方法 1: 用 k 记录顺序表 L 中不等于 x 的元素个数(即需要保存的元素个数),边扫描 L 边统计 k,
并将不等于 x 的元素向前放在 k 位置上,最后修改 L 的长度. */
void delNode1(sequence_list * L, datatype x)
{                                           /* 请将函数补充完整 */



}
/* 方法 2: 用 k 记录顺序表 L 中等于 x 的元素个数,边扫描 L 边统计 K,并将不等于 x 的元素前移 k
个位置,最后修改 L 的长度. */
void delNode2(sequence_list * L, datatype x)
{                                           /* 请将函数补充完整 */



}
int main()
{
    sequence_list L;
    int x;
    input(&L);
    print(&L);                              /* 输出表 L */
    printf("请输入要删除的数: ");
    scanf(" % d", &x);
    delNode1(&L, x);                        /* 分别测试两种方法 */
    //delNode2(&L, x);
    printf("删除 % d 后的顺序表为: \n", x);
    print(&L);                              /* 输出新表 */
    return 0;
}
```

(7) 设有 n(n>1)个整数存放在顺序表 L 中。试设计一个在时间和空间两方面尽可能
高效的算法,将顺序表中的整数序列循环左移 p(0<p<n)个位置,即将 L 中的数据序列
$(X_0, X_1, \cdots, X_{n-1})$变换为$(X_p, X_{p+1}, \cdots, X_{n-1}, X_0, X_1, \cdots, X_{p-1})$。

```
# include "sequlist.h"
//辅助函数 reverse(),实现顺序表 L->a[left..right]的首尾倒置
void reverse(sequence_list * L, int left, int right);
/* 方法 1: 函数 leftShift1()的功能是实现顺序表循环左移 p 位 */
void leftShift1(sequence_list * L, int p)
{
    if(p> 0 && p<L-> size)
    {
                                    //将顺序表 L 的全部数据倒置
                                    //将顺序表 L 的前 n-p 个元素倒置
                                    //将顺序表 L 的后 p 个元素倒置

    }
}
/* 方法 2: 函数 leftShift2()的功能是实现顺序表循环左移 p 位,请根据提示将该函数补充完整. */
void leftShift2(sequence_list * L, int p)
{
    if(p> 0 && p<L-> size)
    {
                                    //将顺序表 L 的前 p 个元素倒置
                                    //将顺序表 L 的后 n-p 个元素倒置
                                    //将顺序表 L 全部元素倒置
```

```
        }
    }
//辅助函数 reverse(),实现顺序表 L->a[left..right]的首尾倒置
void reverse(sequence_list * L, int left, int right)
{
    int i = left, j = right, temp;
    while(i < j)
    {
        temp = L->a[i];
        L->a[i] = L->a[j];
        L->a[j] = temp;
        i++;
        j--;
    }
}
int main()
{
    sequence_list L;
    int p;
    input(&L);
    printf("线性表为: \n",p);
    print(&L);                              /* 输出表 L */
    printf("请输入循环左移的位数: ");
    scanf("% d",&p);
    leftShift1(&L,p);                       /* 测试方法 1 */
    //leftShift2(&L,p);                      /* 测试方法 2 */
    printf("循环左移 % d 位后的线性表为: \n",p);
    print(&L);                              /* 输出新表 */
    return 0;
}
```

2. 根据以下头文件内容,完成相关实验。

```
                                        /* stack.h: 字符栈的结构定义及其操作实现 */
#define seqstacksize 100                /* 栈的最大空间大小 */
typedef char datatype;
typedef struct stack {
    datatype data[seqstacksize];        /* 向量 data 用于存储栈数据 */
    int top;                            /* 栈顶指示 */
}seqstack;

void initstack(seqstack * s)            /* 栈初始化 */
{ s->top = -1;
}

int stackempty(seqstack * s)            /* 判断栈是否为空 */
{ return s->top == -1;
}
int stackfull(seqstack * s)             /* 判断栈是否已满 */
{return s->top == seqstacksize-1;
}

void push(seqstack * s, datatype x)     /* 进栈 */
{ s->data[++s->top] = x;
}
datatype pop(seqstack * s)              /* 出栈 */
{ return s->data[s->top--];
}
```

```c
datatype stacktop(seqstack * s)              /* 取栈顶元素 */
{ return s -> data[s -> top];
}


                                             /* seqstack.h */
# include < stdio. h >
# include < stdlib. h >
# define MAXSIZE 100
typedef int datatype;
typedef struct
{       datatype    a[MAXSIZE];
        int top;
}seqstack;

void init(seqstack * st)                     /* 函数 init()的功能是初始化空栈 */
{
    st -> top = 0;
}

int empty(seqstack * st)                     /* 函数 empty()的功能是判断栈是否为空 */
{
    return st -> top?0:1;
}

datatype read(seqstack * st)                 /* 函数 read()的功能是读栈顶元素 */
{   if(empty(st))
        {   printf("\n 栈是空的!\n");exit(1);
        }
    else
        return st -> a[st -> top - 1];
}

void push(seqstack * st, datatype x)         /* 函数 push()的功能是进栈 */
{   if(st -> top == MAXSIZE)
    {
        printf("栈满,无法进栈!\n");
        exit(1);
    }
    st -> a[st -> top] = x;
    st -> top++;
}

datatype pop(seqstack * st)                  /* 函数 pop()的功能是出栈 */
{   if(st -> top == 0)
        {   printf("\n 顺序栈是空的!\n");
            exit(1);
        }
    return st -> a[ -- st -> top];
}


                                             /* linkstring. h */
# include < stdlib. h >
# include < stdio. h >
typedef char datatype;
typedef struct node
{   datatype data;
    struct node * next;
}linknode;
```

```c
typedef linknode * linkstring;

linkstring creat()                    /* 函数 creat()的功能是用尾插法建立字符单链表 */
{    linkstring head,r,s;
     datatype x;
     head = r = (linkstring)malloc(sizeof(linknode));
     head -> next = NULL;
     printf("请输入一个字符串(以回车结束):\n");
     scanf(" % c",&x);
     while(x!= '\n')
     {    s = (linkstring)malloc(sizeof(linknode));
          s -> data = x;
          r -> next = s;
          r = s;
          scanf(" % c",&x);
     }
     r -> next = NULL;
     return head;
}

void print(linkstring head)           /* 函数 print()的功能是输出字符串 */
{    linkstring p;
     p = head -> next;
     printf("List is:\n");
     while(p)
     {    printf(" % c",p -> data);
          p = p -> next;
     }
     printf("\n");
}

void delList(linkstring head)         /* 函数 delList()的功能是释放单链表的内容 */
{
     linkstring p = head;
     while(p)
     {
     head = p -> next;
     free(p);
     p = head;
     }
}
                                      /* linkstack.h: 字符栈的结构定义及其操作实现 */
# include < stdio. h>
# include < stdlib. h>
# define MAXSIZE 100
typedef int datatype;
typedef struct node
{
        datatype data;
        struct node * next;
}linknode;

typedef linknode * linkstack;

linkstack init()                      /* 函数 init()的功能是初始化空栈 */
{
     return NULL;
}
```

```
int empty(linkstack top)                    /* 函数 empty()的功能是判断栈是否为空 */
{
      return top?0:1;
}

datatype read(linkstack top)                /* 函数 read()的功能是读栈顶元素 */
{
    if(empty(top))
        {
              printf("\n 栈是空的!\n");exit(1);
        }
    else
        return top->data;
}

linkstack push(linkstack top, datatype x)   /* 函数 push()的功能是进栈 */
{
    linkstack p;
    p = (linkstack)malloc(sizeof(linknode));
    p->data = x;

    p->next = top;
    top = p;
    return top;
}

linkstack pop(linkstack top)                /* 函数 pop()的功能是出栈 */
{
    linkstack p;
    if(empty(top))
        {
              printf("\n 顺序栈是空的!\n");
              exit(1);
        }
    p = top;
    top = top->next;
    free(p);
    return top;
}
```

(1) 利用顺序栈结构,编写算法函数 void Dto16(unsigned int m),实现十进制无符号整数 m 到十六进制数的转换。

```
#include "seqstack.h"
void Dto16(int m)
{   seqstack s;                              /* 定义顺序栈 */
    init(&s);
    printf("十进制数 %u 对应的十六进制数是: ",m);
    while(m)
    {
                                             /* 请将函数补充完整并进行测试 */
    }
    while(!empty(&s))
      putchar(     );
    printf("\n");
}
```

```
int main()
{     int m;
      printf("请输入待转换的十进制数: \n");
      scanf(" % u",&m);
      Dto16(m);
      return 0;
}
```

（2）利用链式栈结构，编写算法函数 void Dto16(unsigned int m)，实现十进制无符号整数 m 到十六进制数的转换。

```
# include "linkstack. h"
void Dto16(unsigned int m)
{
      linkstack s;
      s = init();
      printf("十进制数 % u 对应的十六进制数是: ",m);
      while(m)
      {                                       /* 请将函数补充完整 */


      }
      while(!empty(s))
      {                                       /* 请将函数补充完整 */


      }
      printf("\n");
}


int main()
{
          unsigned int m;
          printf("请输入待转换的十进制数: \n");
          scanf(" % u",&m);
          Dto16(m);
          return 0;
}
```

（3）

```
# include < stdio. h >
# include "stack. h"                          /* 引入自定义的字符栈结构 */
/* 判断是否为运算符 */
int is_op(char op)
 {
   switch(op)
  {
    case ' + ':
    case ' - ':
    case ' * ':
    case '/':return 1;
    default:return 0;
    }
}
```

```c
int priority(char op)                                /* 判断运算符的优先级 */
  {
      switch(op)
        {
            case '(':return 0;
            case '+':
            case '-':return 1;
            case '*':
            case '/':return 2;
          default: return -1;
        }
  }

void postfix(char e[],char f[])                      /* 中级表达式转换为后级表达式 */
 {seqstack opst;
  int i,j;
  initstack(&opst);
  push(&opst,'\0');
  i = j = 0;
  while(e[i]!= '\0')
    { if((e[i]>= '0' && e[i]<= '9') || e[i] == '.')
            f[j++] = e[i];                           /* 数字 */
        else if(e[i] == '(')                         /* 左括号 */
                push(&opst,e[i]);
            else if(e[i] == ')')                     /* 右括号 */
              { while(stacktop(&opst)!= '(')
                      f[j++] = pop(&opst);
                  pop(&opst);                        /* (出栈 */
              }
            else if(is_op(e[i]))                     /*    +, -, *, /   */
                {f[j++] = ' ';                       /* 用空格分隔两个操作数 */
                    while(priority(stacktop(&opst))>= priority(e[i]))
                        f[j++] = pop(&opst);

                    push(&opst,e[i]);                /* 当前元素进栈 */
                }
        i++;                                         /* 处理下一个元素 */
    }

    while(!stackempty(&opst))
        f[j++] = pop(&opst);
    f[j] = '\0';
  }

float readnumber(char f[], int * i)                  /* 将数字字符串转换成数值 */
  {float x = 0.0;
   int k = 0;
   while(f[ * i]>= '0' && f[ * i]<= '9')             /* 处理整数部分 */
   {
       x = x * 10 + (f[ * i] - '0');
       ( * i)++;
   }
   if(f[ * i] == '.')                                /* 处理小数部分 */
     { ( * i)++;
           while(f[ * i]>= '0' && f[ * i]<= '9')
                 { x = x * 10 + (f[ * i] - '0');
                   ( * i)++;
                   k++;
                 }
       }
```

```
    while(k!= 0)
      {         x = x/10.0;
                k = k - 1;
      }
    printf("\n * % f * ",x);
    return(x);
}

double evalpost(char f[])                    /* 对后缀表达式求值 */
   {  double obst[50];                       /* 操作数栈 */
      int i = 0,top = - 1;

                                             /* 请将函数补充完整 */




   }

         /* 主程序: 输入中缀表达式,经转换后输出后缀表达式 */
int main()
{
         char e[50],f[50];
         int i,j;
         printf("\n\n 请输入中缀表达式:\n");
         gets(e);
         postfix(e,f);
         i = 0;
         printf("\n\n 对应的后缀表达式为: [");
         while(f[i]!= '\0')
                  printf(" % c",f[i++]);
         printf("]");
         printf("\n\n 计算结果为 :");
         printf("\n\n % f",evalpost(f));
         return 0;
}
```

(4) 已知字符串采用带结点的链式存储结构(详见 linkstring. h),请编写函数 linkstring substring(linkstring s, int i, int len),在字符串 s 中从第 i 个位置起取长度为 len 的子串,函数返回子串链表。

```
# include "linkstring. h"
linkstring substring(linkstring s, int i, int len)
{                                      /* 请将函数补充完整 */


}
int main()
{    linkstring str1,str2;
     str1 = creat();                   /* 建立字符串链表 */
     print(str1);
     str2 = substring(str1,3,5);       /* 测试, 从第 3 个位置开始取长度为 5 的子串, 请自行构造
                                           不同测试用例 */
     print(str2);                      /* 输出子串 */
     delList(str1);
     delList(str2);
     return 0;
}
```

(5) 字符串采用带头结点的链表存储,编写算法函数 void delstring(linkstring s, int i, int len),在字符串 s 中删除从第 i 个位置开始、长度为 len 的子串。

```
# include "linkstring.h"
void delstring(linkstring s, int i, int len)
{                              / * 请将函数补充完整 */


}
int main()
{    linkstring str;
     str = creat();            / * 建立字符串链表 */
     print(str);
     delstring(str,2,3);       / * 测试,从第 2 个位置删除长度为 3 的子串,请自行构造
                                 不同的测试用例 */
     print(str);               / * 输出 */
     delList(str);
     return 0;
}
```

(6) 字符串采用带头结点的链表存储,编写函数 linkstring index(linkstring s,linkstring t)。

```
# include "linkstring.h"
linkstring index(linkstring s, linkstring t)
{                              / * 请将函数补充完整 */


}
int main()
{    linkstring s,t,p = NULL;
     s = creat();              / * 建立主串链表 */
     t = creat();              / * 建立子串链表 */
     print(s);
     print(t);
     p = index(s,t);
     if(p)
        printf("匹配成功,首次匹配成功的位置结点值为 % c\n",p -> data);
     else
        printf("匹配不成功!\n");
     delList(s);
     delList(t);
     return 0;
}
```

(7) 利用朴素模式匹配算法,将模式 t 在主串 s 中所有出现的位置存储在带头结点的单链表中。

```
# include < stdio. h >
# include < string. h >
# include < stdlib. h >
typedef struct node
{    int data;
     struct node * next;
}linknode;
typedef linknode * linklist;
/ * 朴素模式匹配算法返回 t 在 s 中第一次出现的位置,如果没找到则返回 - 1,请将程序补充完整 */
```

```
int index(char s[],char * t)
{
    int i,k,j;
    int n,m;
    n = strlen(s);                              //主串长度
    m = strlen(t);                              //模式串长度
    for(i = 0;i < n - m + 1;i++)
    {
        k = i;
        j = 0;
        while(j < m)
        {
            if(s[k] == t[j]) {k++;j++;}
            else
                break;
        }
        if(j == m) return i;
    }
    return - 1;
}

    /* 利用朴素模式匹配算法,将模式 t 在 s 中所有出现的位置存储在带头结点的单链表中 */
linklist indexall(char * s,char * t)
{                                              /* 请将函数补充完整 */

}
void print(linklist head)                      /* 输出带头结点的单链表 */
{   linklist p;
    p = head - > next;
    while(p)
    {   printf(" % 5d",p - > data);
        p = p - > next;
    }
    printf("\n");
}
int main()
{   char s[80],t[80];
    linklist head;
    printf("请输入主串:\n");
    gets(s);
    printf("请输入模式串:\n");
    gets(t);
    int k = index(s,t);
    printf("k = % d",k);
    //head = indexall(s,t);
    //printf("\n[ % s ]在[ % s ]中的位置有: \n",t,s);
    //print(head);
    return 0;
}
```

（8）编写快速模式匹配 KMP 算法,请将相关函数补充完整。

```
# define maxsize 100
typedef struct{
        char str[maxsize];
        int length;
} seqstring;
```

```
void getnext(seqstring p, int next[])              /*求模式 p 的 next[]值*/
{                                                   /*请将函数补充完整*/


}
int kmp(seqstring t, seqstring p, int next[])      /*快速模式匹配算法*/
{                                                   /*请将函数补充完整*/


}
int  main()
{    seqstring t, p;
     int next[maxsize], pos;
     printf("请输入主串: \n");
     gets(t.str);
     t.length = strlen(t.str);
     printf("请输入模式串: \n");
     gets(p.str);
     p.length = strlen(p.str);
     getnext(p, next);
     pos = kmp(t, p, next);
     printf("\n");
     printf(" %d", pos);
     return 0;
}
```

3. 根据以下头文件内容,完成相关实验,其中(1)~(4)为不带头结点的链表,(5)~(13)为带头节点的链表。

```
                    /*实现链表的头文件,文件名为 slnklist.h*/
# include < stdio. h >
# include < stdlib. h >
typedef int datatype;
typedef struct link_node{
    datatype info;
    struct link_node * next;
}node;
typedef node * linklist;

linklist creatbystack()          /*函数 creatbystack()的功能是用头插法建立单链表*/
{  linklist  head, s;
    datatype x;
    head = NULL;
    printf("请输入若干整数序列:\n");
    scanf(" %d", &x);
    while(x!= 0)                  /*以 0 结束输入*/
    {    s = (linklist)malloc(sizeof(node));          /*生成待插入结点*/
        s -> info = x;
        s -> next = head;        /*将新结点插入链表最前面*/
        head = s;
        scanf(" %d", &x);
    }
    return head;                  /*返回建立的单链表*/
}

linklist creatbyqueue()          /*函数 creatbyqueue()的功能是用尾插法建立单链表*/
{
    linklist head, r, s;
    datatype x;
```

```
        head = r = NULL;
        printf("请输入若干整数序列:\n");
        scanf(" % d",&x);
        while(x!= 0)  / * 以 0 结束输入 * /
        {    s = (linklist)malloc(sizeof(node));
             s - > info = x;
             if(head == NULL)            / * 将新结点插入链表最后面 * /
                 head = s;
             else
                 r - > next = s;
             r = s;
             scanf(" % d",&x);
        }
        if(r)   r - > next = NULL;
        return head;                    / * 返回建立的单链表 * /
}

void print(linklist head)              / * 函数 print()的功能是输出不带头结点的单链表 * /
{    linklist p;
     int i = 0;
     p = head;
     printf("List is:\n");
     while(p)
     {
         printf(" % 5d",p - > info);
         p = p - > next;
         i++;
         if(i % 10 == 0) printf("\n");
     }
     printf("\n");
}
void delList(linklist head)            / * 函数 delList()的功能是释放不带头结点的单链表 * /
{ linklist p = head;
    while (p)
    { head = p - > next;
      free(p);
      p = head;
    }
}
/ * slnklist. h 头文件结束 * /
```

(1) 编写函数 slnklist delx(linklist head，datatype x)，删除不带头结点单链表 head 中第一个值为 x 的结点。

```
# include "slnklist. h"
linklist delx(linklist head, datatype x)
{                                       / * 请将函数补充完整 * /


}

int main()
{    datatype x;
     linklist head;
     head = creatbyqueue();             / * 用尾插入法建立单链表 * /
     print(head);
     printf("请输入要删除的值: ");
```

```
        scanf(" % d",&x);
        head = delx(head,x);              /* 删除单链表中第一个值为 x 的结点 */
        print(head);
        delList(head);                    /* 释放单链表空间 */
        return 0;
    }
```

(2) 假设线性表$(a_1,a_2,a_3,\cdots,a_{n-1},a_n)$采用不带头结点的单链表存储,请设计算法函数 linklist reverse1(linklist head)和 void reverse2(linklist * head),将不带头结点的单链表 head 原地倒置,变成$(a_n,a_{n-1},\cdots a_3.a_2,a_1)$。

```
    # include "slnklist.h"
    linklist reverse1(linklist head)
    {                                     /* 请将函数补充完整 */


    }
    void reverse2(linklist * head)
    {                                     /* 请将函数补充完整 */


    }

    int main()
    {   datatype x;
        linklist head;
        head = creatbystack();            /* 用头插入法建立单链表 */
        print(head);                      /* 输出原单链表 */
        head = reverse1(head);            /* 倒置单链表 */
        print(head);                      /* 输出倒置后的单链表 */
        reverse2(&head);                  /* 倒置单链表 */
        print(head);
        delList(head);
        return 0;
    }
```

(3) 假设不带头结点的单链表 head 是升序排列的,设计算法函数 linklist insert(linklist head,datatype x),将值为 x 的结点插入 head 中,并保持链表的有序性。分别构造插入表头、表中和表尾三种情况的测试用例进行测试。

```
    # include "slnklist.h"
    linklist insert(linklist head,datatype x)
    {                                     /* 请将函数补充完整 */


    }
    int main()
    {   datatype x;
        linklist head;
        printf("输入一组升序排列的整数: \n");
        head = creatbyqueue();            /* 用尾插入法建立单链表 */
        print(head);
        printf("请输入要插入的值: ");
        scanf(" % d",&x);
```

```
    head = insert(head,x);              /* 将输入的值插入单链表中的适当位置 */
    print(head);
    delList(head);
    return 0;
}
```

（4）编写算法函数 linklist delallx(linklist head，int x)，删除不带头结点的单链表 head 中所有值为 x 的结点。

```
# include "slnklist.h"
linklist delallx(linklist head, int x)
{                                        /* 请将函数补充完整 */


}
int main()
{    datatype x;
     linklist head;
     head = creatbyqueue();              /* 用尾插入法建立单链表 */
     print(head);
     printf("请输入要删除的值：");
     scanf("%d",&x);
     head = delallx(head,x);
     print(head);
     delList(head);
     return 0;
}
```

（5）编写函数 void delx(linklist head，datatype x)，删除带头结点单链表 head 中第一个值为 x 的结点。

```
# include "slnklist.h"
void delx(linklist head,datatype x)
{                                        /* 请将函数补充完整 */


}

int main()
{    datatype x;
     linklist head;
     head = creatbyqueue();              /* 用尾插入法建立带头结点的单链表 */
     print(head);
     printf("请输入要删除的值：");
     scanf("%d",&x);
     delx(head,x);                        /* 删除单链表中第一个值为 x 的结点 */
     print(head);
     delList(head);                       /* 释放单链表空间 */
     return 0;
}
```

（6）假设线性表 $(a_1,a_2,a_3,\cdots,a_{n-1},a_n)$ 采用带头结点的单链表存储，请设计算法函数 void reverse(linklist head)，将带头结点的单链表 head 原地倒置，变成 $(a_n,a_{n-1},\cdots,a_3.a_2,a_1)$。

```
# include "slnklist.h"
```

```
    void reverse(linklist head)
    {                                    /*请将函数补充完整*/

    }
int main()
{   datatype x;
    linklist head;
    head = creatbystack();          /*用头插入法建立带头结点的单链表*/
    print(head);                    /*输出原链表*/
    reverse(head);                  /*倒置单链表*/
    print(head);                    /*输出倒置后的单链表*/
    delList(head);
    return 0;
}
```

（7）假设带头结点的单链表 head 是升序排列的，设计算法函数 linklist insert(linklist head，datatype x)，将值为 x 的结点插入链表 head 中，并保持链表的有序性。分别构造插入表头、表中和表尾三种情况的测试用例进行测试。

```
    #include "slnklist.h"
    void   insert(linklist head,datatype x)
    {                                    /*请将函数补充完整*/

    }
int main()
{   datatype x;
    linklist head;
    printf("输入一组升序排列的整数: \n");
    head = creatbyqueue();          /*用尾插入法建立带头结点的单链表*/
    print(head);
    printf("请输入要插入的值: ");
    scanf("%d",&x);
    insert(head,x);                 /*将输入的值插入带头结点的单链表中适当位置*/
    print(head);
    delList(head);
    return 0;
}
```

（8）编写算法函数 void delallx(linklist head，int x)，删除带头结点的单链表 head 中所有值为 x 的结点。

```
    #include "slnklist.h"
    void   delallx(linklist head,int x)
    {                                        /*请将函数补充完整*/

    }
int main()
{   datatype x;
    linklist head;
    head = creatbyqueue();                  /*用尾插入法建立带头结点的单链表*/
    print(head);
    printf("请输入要删除的值: ");
    scanf("%d",&x);
```

```
        delallx(head,x);
        print(head);
        delList(head);
        return 0;
}
```

（9）已知线性表存储在带头结点的单链表 head 中，请设计算法函数 void sort(linklist head)，将 head 中的结点按结点值升序排列。

```
# include "slnklist.h"
void   sort(linklist head)
{                                      /*请将函数补充完整*/


}
int main()
{       linklist head;
        head = creatbyqueue();         /*用尾插法建立带头结点的单链表*/
        print(head);                   /*输出单链表 head*/
        sort(head);                    /*排序*/
        print(head);
        delList(head);
        return 0;
}
```

（10）已知两个带头结点的单链表 L1 和 L2 中的结点值均已按升序排序，设计算法函数 linklist mergeAscend(linklist L1,linklist L2)，将 L1 和 L2 合并成一个升序排序的带头结点的单链表，作为函数的返回结果；设计算法函数 linklist mergeDescend(linklist L1, linklist L2)，将 L1 和 L2 合并成一个降序排序的带头结点的单链表，作为函数的返回结果；并设计 main() 函数进行测试。

```
# include "slnklist.h"
linklist mergeAscend(linklist L1,linklist L2)
{                                      /*请将函数补充完整*/


}
linklist mergeDescend(linklist L1,linklist L2)
{                                      /*请将函数补充完整*/


}
int main()
{       linklist h1,h2,h3;
        h1 = creatbyqueue();           /*用尾插法建立单链表,请输入升序序列*/
        h2 = creatbyqueue();
        print(h1);
        print(h2);
        h3 = mergeAscend(h1,h2);       /*升序,合并到 h3*/
                                       /*降序合并用 h3 = mergeDescend(h1,h2);*/
        print(h3);
        delList(h3);
        return 0;
}
```

（11）编写算法函数 void partition(linklist head)，将带头结点的单链表 head 中的所有值为奇数的结点调整到链表的前面，所有值为偶数的结点调整到链表的后面。

```
# include "slnklist. h"
void partition(linklist head)
{                                       /* 请将函数补充完整 */


}
int main()
{       linklist head;
        head = creatbyqueue();          /* 用尾插法建立带头结点的单链表 */
        print(head);                    /* 输出单链表 head */
        partition(head);
        print(head);
        delList(head);
        return 0;
}
```

（12）编写一个程序，用尽可能快的方法返回带头结点的单链表中倒数第 k 个结点的地址，如果不存在则返回 NULL。

```
# include "slnklist. h"
linklist search(linklist head, int k)
{                                       /* 请将函数补充完整 */


}
int main()
{
    int k;
    linklist head,p;
    head = creatbyqueue();          /* 用尾插法建立带头结点的单链表 */
    print(head);                    /* 输出单链表 head */
    printf("k = ");
    scanf(" % d",&k);
    p = search(head,k);
    if (p) printf(" % d\n",p -> info);
    else
        printf("Not Found!\n");
    delList(head);
    return 0;
}
```

（13）

```
# include < stdlib. h >
# include < stdio. h >

typedef struct node
{       int coef;                       /* 系数 */
        int expn;                       /* 指数 */
        struct node * next;
}listnode;                              //多项式存储结构

typedef listnode * linklist;
```

```
    void delList(linklist head);

/* 函数 creat()的功能是建立多项式存储结构,且多项式在表中按所在项的指数递增存放 */
  linklist creat()
  {
            linklist head,s,p,pre,r;
            int coef;
            int expn;
            head = (linklist)malloc(sizeof(listnode));                    /* 生成头结点 */
            head -> next = NULL;
            printf("请输入多项式,每一项只需要输入系数,指数(当输入的系数为 0 时结束输
入): \n");
            scanf(" % d",&coef);                    //输入系数
            scanf(" % d",&expn);                    //输入指数
            while (coef!= 0)
            {                                       //请在此处补充适当的代码


            }
            return head;
  }

  void print(linklist head)                         //输出多项式
  {
            linklist p;
            p = head -> next;
            while (p)
            {   printf(" % d(X)",p-> coef);
                printf(" % d     ",p-> expn);
                p = p-> next;
            }
            printf("\n");
}

/* 函数 add()的功能是多项式相加,入口参数 a 与 b 是存储多项式的带头结点的单链表,且多项式
在表中按所在项的指数递增存放 */
linklist add(linklist a, linklist b)
{                                                   /* 请将函数补充完整 */
    linklist pa, pb, c, pc, r;


}

int main()
{
            linklist a,b,c;
            a = creat();
            printf("多项式 a 为: ");
            print(a);

            b = creat();
            printf("多项式 b 为: ");
            print(b);

            c = add(a,b);
            printf("两个多项式的和为: \n");
            print(c);
            delList(c);
            return 0;
}
```

```
void delList(linklist head)        /* 函数 delList()的功能是释放带头结点的单链表 */
{ linklist p = head;
   while (p)
   { head = p -> next;
      free(p);
      p = head;
   }
}
```

PART 2

第二部分

C语言课程设计

课程设计是 C 语言程序设计课程的重要实践教学
环节,是指学生在教师的指导下进行阶段性的专业技术训
练,目的在于培养学生独立分析问题和解决问题的能力,为
学生提供一个动手、动脑、独立实践的机会。此部分的课程
设计将课本上的理论知识和实际应用问题有机地结合起
来,以提高学生的程序设计、调试等项目开发能力,培养学
生综合运用所学理论知识来分析和解决实际问题的能力,
锻炼学生的独立工作和协作能力。

🔑 2.1 课程设计的目的和任务

C语言课程设计的目的和任务主要有以下几点。

(1) 巩固和加深对C语言课程基本知识的理解和掌握。

(2) 熟练掌握C语言编程和程序调试的技术,并能够在实践中灵活运用。

(3) 熟练掌握利用C语言进行综合性软件设计的方法。

(4) 理解软件设计中需求分析、系统设计、系统测试等环节的基本任务。

(5) 熟练掌握软件设计说明文档的写作方法。

(6) 培养解决综合性的实际问题的能力、资料的搜集和整理能力,以及口头表达能力。

🔑 2.2 课程设计内容

课程设计主要分为以下几个阶段。

(1) 资料查阅与方案制定阶段。

在资料查阅的基础上,学生对所选课题进行功能分析与设计,确定方案。

(2) 编码与调试阶段。

学生在教师的指导下独立完成程序的编码和调试,指导教师应实时考查学生的实际编码与调试能力。

(3) 设计报告撰写阶段。

学生根据规定的格式要求撰写课程设计报告。

(4) 答辩与考核阶段。

答辩既可以是直接在机房中进行实际操作与调试,也可以采用语言表达的方式进行。课程设计结束后,指导教师根据每名学生的表现及能力进行综合评价。评价的等级一般分为优、良、中、及格、不及格五类。评价指标包括四方面,如表2.1所示。

表 2.1 课程设计评价指标体系

	系 统	文 档	答辩情况	综合能力
具体要求	1. 系统功能的完善度	1. 文档内容是否具有完整性和可靠性	1. 系统演示是否流畅	1. 独立分析问题的能力
	2. 系统界面设计是否合理	2. 文字表达是否流畅	2. 表述是否清晰、准确	2. 协作的能力
	3. 系统算法的效率	3. 文档格式是否规范	3. 准备是否充分	3. 搜集、整理资料的能力
	4. 代码的规范性			

以上只是课程设计评价的基本指标,指导教师可结合学生实际情况,适当增加评价指标,对各评价指标的具体要求及评分比例,也可自行酌情决定,以便更加客观和全面地进行评价。

在课程设计开始前,指导教师应将详细的评价指标体系向学生发布并进行解释,以使学生对课程设计的要求理解得更加清晰和准确,以便课程设计顺利展开。

2.3　课程设计的基本要求

1. 利用 C 语言面向过程的编程思想来完成系统的设计。
2. 突出 C 语言的函数特征。
3. 绘制功能模块图。
4. 对选定题目完成以下几部分内容。
（1）功能需求分析。
（2）总体设计。
（3）详细设计。
（4）编码与测试。
（5）撰写设计文档。
5. 提供清晰的数据结构的详细定义。

2.4　课程设计题目

以下是"程序设计基础 C"课程设计的部分参考题目。在课程设计开始前,学生应在教师的指导下,根据自身情况自主选择 1～2 个题目。

【题目 1】　通讯录管理系统

设计并实现一个通讯录管理系统。通讯录中记录若干联系人的信息。联系人信息包括编号、姓名、出生日期、单位、办公电话、手机号、类型（家人/朋友/同学/同事）等。系统应实现如下功能。

（1）系统以菜单方式工作,要求界面清晰、友好、美观、易用。
（2）通讯录信息导入功能:可从磁盘文件导入通讯录的信息。
（3）信息浏览功能:能输出所有联系人的信息,要求输出格式清晰、美观。
（4）查询功能:可按类型或姓名查找某一联系人的信息,并将查询结果输出。
（5）信息提醒:进入系统时,若当天是某位联系人的生日,提供生日提醒的功能。
（6）删除联系人信息:能够删除指定联系人的信息,并在删除后将联系人信息存盘。
（7）修改联系人信息:能够修改指定联系人的信息,并在修改后将联系人信息存盘。

【题目 2】　教室信息管理系统

设计并实现一个教室信息管理系统。教室的信息包括教室编号（如 6B202）、教室座位数、类型（多媒体或普通）、投影设备名称、计算机型号、是否可用、管理人等。系统应实现以下功能。

（1）系统以菜单方式工作,要求界面清晰、友好、美观、易用。
（2）信息导入功能:可从磁盘文件导入教室的信息。
（3）查询功能:能根据教室编号、类型、是否可用、管理人对信息进行查询（提供 3 种查询方式）;显示查询的结果。
（4）统计功能:统计多媒体教室和普通教室的数量,及每种教室的座位总数。

（5）修改教室信息：输入教室编号，对该指定的教室信息进行修改，并在修改后实现信息存盘。

（6）分配教室：查询可用的教室，将该教室分配给任课教师(设为不可用)，同时实现信息存盘。

（7）回收教室：将指定教室回收(设为可用)，同时实现信息存盘。

【题目3】　职工信息管理系统

设计并实现一个职工信息管理系统。其中，职工的信息包括职工号(不重复)、姓名、性别、出生年月日、学历、工资、家庭住址、电话等。系统应实现如下基本功能。

（1）系统以菜单方式工作，要求界面清晰、友好、美观、易用。

（2）职工信息导入功能：可从磁盘文件导入职工信息。

（3）职工信息浏览功能：能输出所有职工的信息，要求输出格式清晰、美观。

（4）查询功能：可按职工号或学历进行查询，并将查询结果输出。

（5）排序功能：可按出生年份或其他方式排序(至少能按某种属性进行排序)，并将排序结果输出。

（6）删除职工信息：能够删除某一指定职工的信息，并在删除后将职工信息存盘。

（7）修改职工信息：能够修改某一指定职工的信息，并在修改后将职工信息存盘。

【题目4】　车辆交通违章管理系统

设计并实现一个车辆交通违章管理系统。其中，车辆的信息包括编号、车牌号、车主姓名、车主性别、违章时间(年、月、日、时)、违章地点、违章情况、处罚情况等。系统实现的功能如下。

（1）系统以菜单方式工作，要求界面清晰、友好、美观、易用。

（2）信息导入功能：可从磁盘文件导入车辆违章的信息。

（3）查询功能：能按车牌号、日期(年、月、日)查找所有违章记录；显示查询结果。

（4）修改信息：输入车牌号，对相应的违章信息进行修改，并在修改后实现信息存盘。

（5）删除信息：输入车牌号，对相应的违章信息进行删除，并在删除后实现信息存盘。

（6）添加信息：可添加新的违章信息，添加信息后如某车主违章信息已达5条则报警，并将该车主的信息输出至另外的磁盘文件。在添加信息后实现信息存盘。

（7）数据分析：统计违章信息最多的前10个地点。

【题目5】　图书信息管理系统

设计并实现一个图书信息管理系统。图书信息包括书号、书名、作者名、图书分类号、出版单位、出版时间、单价等。系统实现以下功能。

（1）系统以菜单方式工作，要求界面清晰、友好、美观、易用。

（2）图书信息导入功能：可从磁盘文件导入图书的信息。

（3）浏览：能显示所有图书的信息，显示格式清晰、美观。

（4）添加图书信息：可添加新的图书信息，并在添加信息后实现信息存盘。

（5）修改图书信息：输入书号，对相应的图书信息进行修改，并在修改后实现信息存盘。

（6）删除图书信息：输入书号，对相应的图书信息进行删除，并在删除后实现信息存盘。

【题目6】　销售管理系统设计

某公司有四位销售员(编号为1～4)，负责销售五种产品(编号为1～5)。每位销售员都将当天出售的每种产品写一张便条交上来。每张便条内容包含销售员的代号、产品的代号和这种产品当天的销售额。每位销售员每天上缴一张便条。

试设计一个便条管理系统,使之能提供以下功能。

(1) 计算每位销售员每种产品的销售额。

(2) 按销售额对销售员进行排序,输出排序结果(销售员代号)。

(3) 统计每种产品的总销售额,将这些产品按销售额从高到低的顺序输出排序结果(产品的代号和销售额)(可选项)。

【题目 7】　车票管理系统

某车站每天有 n 个发车班次,每个班次都有一个班次号 $(1,2,3,\cdots,n)$、固定的发车时间、固定的路线(起始站、终点站)、大致的行车时间、固定的额定载客量等,具体如下。

班次	发车时间	起点站	终点站	行车时间	额定载客量	已售票人数
1	8:00	A	B	2	45	30
2	6:30	A	C	0.5	40	40
3	7:00	A	D	0.5	40	20
4	10:00	A	E	0.5	40	2

...

(1) 功能要求:用 C 语言设计一个系统,能提供下列功能。

① 录入班次信息(信息用文件保存),可不定期地增加班次数据。

② 浏览班次信息,可显示所有班次当前状态(如果当前系统时间超出某班次的发车时间,则显示“此班已发出”的提示信息)。

③ 查询路线:可按班次号查询,也可按终点站查询。

④ 售票和退票功能。

(2) 售票时,当查询的已售票人数小于额定载客量且当前系统时间小于发车时间时才能售票。自动更新已售票人数。

(3) 退票时,输入退票的班次,当该班车未发出时才能退票。自动更新已售票人数。

【题目 8】　企业员工全年销售额统计及奖金发放系统

程序设计功能及要求:

(1) 总人数不定,开始先输入员工的人数和工号进行初始化。

(2) 根据员工的工号及季度提示输入对应的销售额。

(3) 奖金计算功能:根据以下规则编写奖金的计算系统,计算员工的应得奖金并保存在文件中。年度销售额最高者额外获得 1 万元奖励。

企业总销售额	员工奖金提成比例(占自己销售额的比例)
100 万及以下	10%
100 万到 150 万	11%
150 万到 200 万	12%
200 万到 250 万	13%
250 万到 300 万	14%
300 万以上	15%

(4) 统计功能:统计全年企业的销售额和个人销售额及员工的奖金,并评选年销售额

最高的员工为销售之星,每季度销售额最高的员工为季度之星。

(5) 修改功能:输入要修改的员工号及季度,修改该季度的销售额,对应的统计数据也随之改变。

(6) 在开始画面加入简单的菜单,便于选择功能。例如:

```
1   系统初始化
2   员工销售额输入
3   数据更改
4   统计
5   奖金发放
```

【题目 9】 学生综合测评系统

每名学生的信息包括学号、姓名、性别、家庭住址、联系电话、语文、数学、外语三门单科成绩、考试平均成绩、考试名次、同学互评分、品德成绩、任课教师评分、综合测评总分、综合测评名次。考试平均成绩、同学互评分、品德成绩、任课教师评分分别占综合测评总分的60%、10%、10%和20%。

(1) 学生信息处理。

① 输入学生信息(学号、姓名、性别、家庭住址、联系电话),按学号从小到大的顺序存放。学生信息可先输入数组中。

② 插入(修改)学生信息。先输入要插入的学生信息,然后再打开源文件并建立新文件,把源文件和输入的信息合并到新文件中(保持按学号有序)。若存在该学生则以新记录内容替换原内容。

③ 删除学生信息。输入要删除学生的学号,读出该学生信息,要求对此进行确认,以决定是否删除。将删除后的信息写到文件中。

④ 浏览学生信息。打开文件,显示该文件的学生信息。

(2) 学生数据处理。

① 按考试科目录入学生成绩,按公式(考试成绩=(语文+数学+外语)/3)计算考试成绩,并计算考试名次。先把学生信息读入数组,然后按提示输入每科成绩,计算考试成绩,求出名次,最后把学生记录写入存放。

② 输入学生测评数据并计算综合测评总分及名次。

综合测评总分=考试成绩×0.6+同学互评分×0.1+品德成绩×0.1+任课教师评分×0.2

③ 学生数据管理。输入学号,读出并显示该学生信息,输入新数据,将改后信息保存。

④ 学生数据查询。输入学号或其他信息,读出所有数据信息并显示。

(3) 学生综合信息输出。提示:输出学生信息到屏幕。

【题目 10】 学校运动会管理系统

问题描述:

(1) 初始化输入:N-参赛院系总数,M-男子竞赛项目数,W-女子竞赛项目数。

(2) 各项目名次取法有如下几种:取前 5 名,第 1 名得 7 分,第 2 名得 5 分,第 3 名得3 分,第 4 名得 2 分,第 5 名得 1 分。

(3) 由程序提醒用户填写比赛结果,输入各项目获奖运动员的信息。

(4) 所有信息记录完毕后,用户可以查询各院系或个人的比赛成绩,生成团体总分报表,查看参赛院系信息、获奖运动员、比赛项目信息等。

【题目 11】　教师工资管理系统

每位教师的信息包括教师号、姓名、性别、单位名称、家庭住址、联系电话、基本工资、津贴、生活补贴、应发工资、电话费、水电费、房租、所得税、卫生费、公积金、合计扣款、实发工资。注:应发工资=基本工资+津贴+生活补贴;合计扣款=电话费+水电费+房租+所得税+卫生费+公积金;实发工资=应发工资-合计扣款。

(1) 教师信息处理。

① 输入教师信息。

② 插入(修改)教师信息。

③ 删除教师信息。

④ 浏览教师信息。

(2) 教师数据处理。

① 按教师号录入教师基本工资、津贴、生活补贴、电话费、水电费、房租、所得税、卫生费、公积金等基本数据。

② 计算教师实发工资、应发工资、合计扣款。计算规则如题目。

③ 教师数据管理。输入教师号,读出并显示该教师信息,输入新数据,将修改后的信息保存。

④ 教师数据查询。输入教师号或其他信息,即读出所有数据信息并显示。

⑤ 教师综合信息输出。输出教师信息到屏幕。

【题目 12】　教师工作量管理系统

计算每位教师一学期承担的教学工作总量。教师单个教学任务的信息包括教师号、姓名、性别、职称、任教课程、班级、班级数目、理论课时、实验课时、单个教学任务总课时。

(1) 教师信息处理。

① 输入教师授课教学信息,包括教师号、姓名、性别、职称、任教课程、班级、班级数目、理论课时、实验课时。

② 插入(修改)教师授课教学信息。

③ 删除教师授课教学信息。

④ 浏览教师授课教学信息。

(2) 教师工作量数据处理。

① 计算单个教学任务总课时。计算规则如下:

班 级 数 目	单个教学任务总课时
2	1.5×(理论课时+实验课时)
3	2×(理论课时+实验课时)
≥4	2.5×(理论课时+实验课时)

② 计算每位教师一个学期总的教学工作量。总的教学工作量为所有单个教学任务的总课时之和。

③ 教师数据查询。输入教师号或其他信息,读出所有数据信息并显示。

(3) 教师综合信息输出。

【题目 13】　学生选课系统

假定有 n 门课程,每门课程有课程编号、课程名称、课程性质、学时、授课学时、实验或上机学时、学分、开课学期等信息,学生可按要求(如总学分不得少于 15)自由选课。试设计一个选修课程系统,使之能提供以下功能。

(1) 系统以菜单方式工作。

(2) 学生信息、课程信息、选课信息等所有数据需要用文件保存。

(3) 课程信息浏览功能。

(4) 查询课程信息功能。

① 按课程名或课程编号查询课程信息。

② 按学分查询课程信息。

③ 按课程性质查询课程信息。

(5) 完成学生选课功能,同一学生不能重复选同一门课。

(6) 查询某学生选修课程情况。

(7) 显示没有达到要求的学生信息及其选课信息。

(8) 某门课程学生选修情况。

(9) 用链表修改、删除学生选修课程信息,更新后保存至文件。

【题目 14】　机房机位预定系统

机房有 20 台计算机,编号为 1~20,从 8:00 到 20:00,每两小时为一个时间段,每名学生每次可预定一个时间段。功能要求如下。

(1) 系统以菜单方式工作。

(2) 用户注册、登录后方可进行机房机位的预定。

(3) 用户登录后可以查询,根据输入时间,输出机位信息。

(4) 机位预定:根据输入的时间查询是否有空机位,若有则预约,若无则提供最近的时间段,另外,若学生在非空时间上机,则将用户信息列入等待列表。

(5) 取消预定:根据输入的时间和机器号撤销该事件的预定。撤销历史记录需要保存到文件中,并可以查看。

(6) 查询是否有等待信息:若有则提供最优解决方案(等待时间尽量短),若无则显示提示信息。

(7) 所有的机位信息、预定情况都需要保存至文件并可以随时查询。信息修改情况需要随时保存至文件。

(8) 处理机位预定信息时,要求用链表实现查询、删除、修改操作。

【题目 15】　学生管理系统

对一个有 N 名学生的班级,系统实现对该班级学生的基本信息进行录入、显示、修改、删除、保存等操作。

功能要求如下。

(1) 学生基本信息包括学号、姓名、性别、出生日期、备注。

(2) 本系统涉及的所有数据都需要保存至文件。

(3) 本系统以如下菜单形式显示。

请选择系统功能项：
a 学生基本信息录入
b 学生基本信息显示,使用链表实现
c 学生基本信息保存
d 学生基本信息删除,使用链表实现
e 学生基本信息修改,使用链表实现
f 学生基本信息查询
① 按学号查询；
② 按姓名查询；
③ 按性别查询；
④ 按年龄查询.
g. 退出系统

（4）执行一个具体的功能之后,程序将重新显示菜单。

（5）按菜单要求实现所有功能,能用链表处理的要求全部链表实现。

（6）将学生基本信息保存到文件中。

（7）进入系统之前要先输入密码。

【题目 16】　国际象棋

编写程序,实现国际象棋游戏。要求：

（1）实现国际象棋游戏的各项规则。

（2）使用图形函数生成棋盘等。

（3）用文件存储用户的进度。

（4）用户开始新游戏时,先检测是否有历史记录,若有则可以继续未完成的棋局,也可以重新开始。

（5）实现用户排名功能,能够将排名信息永久保存至文件。

（6）当需要将新用户的成绩插入排名列表时,能够修改原列表信息；如果是同一用户需要更新成绩,则覆盖原成绩。

（7）插入、修改、删除排名信息等要求使用链表实现。

【题目 17】　围棋

编写程序,实现围棋游戏。要求：

（1）实现围棋游戏的各项规则。

（2）使用图形函数生成棋盘等。

（3）用文件存储用户的进度。

（4）用户开始新游戏时,先检测是否有历史记录,若有则可以继续未完成的棋局,也可以重新开始。

（5）实现用户排名功能,要求能够将排名信息永久保存至文件。

（6）当需要将新用户的成绩插入排名列表时,要能够修改原列表信息；如果是同一用户需要更新成绩,则覆盖原成绩。

（7）使用链表实现插入、修改、删除排名信息等功能。

【题目 18】　中国象棋

编写程序,实现中国象棋游戏。要求：

（1）实现中国象棋游戏的各项规则。

（2）使用图形函数生成棋盘等。

（3）用文件存储用户的进度。

（4）用户开始新游戏时，先检测是否有历史记录，若有则可以继续未完成的棋局，也可以重新开始。

（5）实现用户排名功能，要求能够将排名信息永久保存至文件。

（6）当需要将新用户的成绩插入排名列表时，能够修改原列表信息；如果是同一用户需要更新成绩，则覆盖原成绩。

（7）使用链表实现插入、修改、删除排名信息等功能。

【题目19】 五子棋

1. 基本要求

（1）实现五子棋游戏的各项规则。

（2）使用图形函数生成棋盘等。

（3）用文件存储用户的进度。

（4）用户开始新游戏时，先检测是否有历史记录，若有则可以继续未完成的棋局，也可以重新开始。

（5）实现用户排名功能，要求能够将排名信息永久保存至文件。

（6）当需要将新用户的成绩插入排名列表时，能够修改原列表信息；如果是同一用户需要更新成绩，则覆盖原成绩。

（7）使用链表实现插入、修改、删除排名信息等功能。

2. 目的与要求

（1）游戏规则：传统五子棋的棋具与围棋相似，棋子分黑白两色，棋盘是方形的，由纵横各 15 条线组成，棋子放置于棋盘线交叉点上。两人对弈，各执一色，轮流下一子。先形成五子连珠者获胜，一局游戏结束；如果棋盘下满仍未定胜负则为平局，一局游戏结束。

（2）功能模块：将程序分为图形显示、玩家控制、胜负判断和玩家计分四个模块。

① 图形显示模块：程序开始运行时，给出欢迎及帮助界面；游戏开始后生成 15×15 的棋盘图像，并在棋盘上方提示当前落子方棋子颜色。游戏进行过程中，实时显示棋盘上已落下的棋子；分出胜负后，给出游戏结束画面。

② 玩家控制模块：程序开始时，需要玩家确定，而后开始游戏；游戏过程中，双方通过不同的按键移动光标，选择落子；游戏结束时，由玩家选择是否开始新棋局。

③ 胜负判断模块：实时监测棋盘上的棋子，一旦某色棋子出现五子连珠，则终止游戏，并为连成一线的五子着色，弹出该色玩家胜出界面。

④ 玩家计分模块：一方玩家在胜利后通过对文件的操作进行计分，并将分数输出到计分板上。

（3）其他要求。

① 进入演示程序后，显示欢迎界面。按任意键进入帮助界面，再按任意键可以进入主界面开始游戏。

② 棋子的移动与落子由按键控制，令玩家 1 对应的按键为 W、S、A、D 和空格键，玩家 2 对应的按键为 ↑、↓、←、→和回车键，分别代表上移、下移、左移、右移光标和落子。在光标移动的过程中，光标随玩家按键移动；在玩家按下落子键后，程序自动调用棋子显示子程序和判断胜负子程序。在玩家 1 或玩家 2 落子后，程序会为落子处的数组元素赋一个特定值，

用于判定胜负。

③ 游戏中按 Esc 键可以直接退出游戏,按 Backspace 键可以进行悔棋操作。

④ 游戏过程中,如果玩家 1 或玩家 2 有一方获得胜利,程序将自动提示哪一方获胜,并将构成连珠的五个棋子着色。

⑤ 游戏结束且玩家选择不再继续后,跳出结束界面,退出程序。

3. 实现提示

(1) 程序不涉及人机交互,算法较为简单。首先,以落子为出发点,分别沿着水平、竖直和两条对角线方向(分别为 45°和 135°)进行搜索,看在这四个方向上是否最后落子的一方有连续五个棋子。为了提高搜索速度,尽量减少搜索范围。以落子为中心两侧各四子共九子,判断这九子中是否有最后落子的一方的连续五个棋子。只要最后落子的一方在任一方向上有连续五个棋子,就表示该盘棋局已经分出胜负。

(2) 监控键盘输入的函数及各键的 ASCII 码值;图形方式下的输入、输出及其相关的函数;判定五子成一线的方法,即矩阵中行向、列向、两条对角线方向上是否有连续的五子;调用系统提供的声音函数;等等。

【题目 20】　俄罗斯方块游戏

1. 目的与要求

(1) 游戏规则:7 种形态的方块(长条形、Z 字形、反 Z 字形、田字形、7 字形、反 7 字形、T 字形)随机产生,自由下落,下落过程中可由玩家用上、下、左、右方向键控制其翻转和移动,以便按玩家所需要的形态和位置落下。如果当方块落到底部时方块的方格能填满某一行,则可消去这一行。消去一行后,游戏可给玩家加分。若存在空格的方块填满整个窗口,则游戏失败。

(2) 游戏界面:游戏的背景色是黑色;方块是蓝色,在一定区域内移动和旋转;落下后的障碍物用黄色显示。

(3) 游戏状态:由数组作为存储方块状态的数据结构;各方块能实现下落、移动、旋转,旋转可设为顺时针或逆时针变形,一般为逆时针;实现下落后底部方块的处理。

(4) 键盘处理:方块下落时,可通过键盘方向键(上、下、左、右)控制该方块向上(旋转)、向下(加速)、向左、向右移动。

(5) 鼠标事件:通过选择菜单栏中相应的菜单项,可以实现游戏的开始、结束,方块形状的变换,分数、等级的显示及游戏帮助等功能。

(6) 显示需求:当不同的方块填满一行或多行时可以消行,剩余方块向下移动并统计分数。当达到一定分数的时候,会提升到相应的等级。

(7) 实现用户排名功能,要求能够将排名信息永久保存至文件。

(8) 当需要将新用户的成绩插入排名列表时,能够修改原列表信息;如果是同一用户需要更新成绩,则覆盖原成绩。

(9) 使用链表实现插入、修改、删除排名信息等功能。

2. 实现提示

(1) 如何实现方块旋转:通用的方法是旋转 90°,还可以把每个方块在四个方向上的形状都用结构体定义好,形成一个封闭的链表,每次旋转指针就指向下一个方向的形状。

（2）方块是否还能下落：用一个带有返回值的函数判断,若碰撞则说明不能下落,返回1；否则说明没有碰撞,返回0。即将整个4×4方块数组下落看成一个单位长度、与游戏空间数组有重叠的1,则在当前位置4×4数组是1的地方赋值给游戏空间对应的数组元素,表示停止下落,并画出有1的位置。对于左移或右移一个单位长度就会有重叠的1,则它不能左移或右移,继续自然下落。

（3）如何实现消行：预设每一行都是满1的,对游戏空间的数组由上到下扫描。一旦检测到某一行中某个元素为0,则认为这一行未满,跳出这行的扫描循环,扫描下一行。若扫描完某一行的元素都没有发现0,则对于这行以上的每一行,完完整整地将上一行的元素赋值给下一行,这个过程应由下至上进行。然后将整个游戏空间设为黑色,重新在有1的位置画小正方形。

【题目21】　迷宫游戏

功能如下。

（1）随机生成迷宫,找出由入口经过迷宫到达出口的一条路径,允许选择人或计算机来找出路。

（2）界面要求：初始状态——显示迷宫图；用箭头指出入口处和出口处。游戏进行状态——选择人找出路时,显示每一步的结果,到边或遇障碍时发出“嘟”的提示音,走到出口处,应显示“胜利”的字样；选择计算机找出路时,用一条有颜色的线画出路径,若找不到出口就显示“无出路”的字样。

（3）计算机找出路部分。

（4）实现用户排名功能,要求能够将排名信息永久保存至文件。

（5）当需要将新用户的成绩插入排名列表时,能够修改原列表信息。如果是同一用户需要更新成绩,则覆盖原成绩。

（6）使用链表实现插入、修改、删除排名信息等功能。

【题目22】　贪吃蛇游戏

1．目的与要求

（1）界面友好（图形界面,良好的人机交互）。

（2）实现用户排名功能,要求能够将排名、成绩等信息永久保存至文件。

（3）当需要将新用户的成绩插入排名列表时,要求能够修改原列表信息。如果是同一用户需要更新成绩,则覆盖原成绩。

（4）使用链表实现插入、修改、删除排名信息等功能。

2．实现提示

贪吃蛇游戏是一个经典小游戏。一条蛇在封闭围墙里,围墙里随机出现一个食物,游戏者通过按键盘上四个方向键控制蛇向上、下、左、右四个方向移动。若蛇头撞到食物,则食物被吃掉,蛇身体长一节,同时记10分,接着又出现食物,等待蛇来吃。如果蛇在移动中撞到墙或身体交叉、蛇头撞到自己身体则游戏结束。

这个程序的关键是表示蛇的图形以及蛇的移动。这里用一个小矩形表示蛇的一节身体,身体每长一节,就增加一个矩形块,蛇头用两节表示。移动时必须从蛇头开始,所以蛇不能向相反方向移动,也就是蛇尾不能改作蛇头。如果不按任意键,蛇自行在当前方向上前移。当游戏者按下有效的方向键后,蛇头朝着指定的方向移动,每一步移动一节身体,所以当按了有效的方向键后,先确定蛇头的位置,然后蛇身体随着蛇头移动。图形的实现是从蛇头的新位置开始画出蛇,这时由于没有清屏,蛇原来的位置和新的位置差一个单位,所以蛇看起来会多一节身体,需要将蛇的最后一节用背景色覆盖。食物的出现和消失也是画矩形块和覆盖矩形块。

【题目 23】 扫雷游戏

参考 Windows 操作系统中的扫雷游戏,编程实现一个简易版的扫雷游戏。

基本要求如下。

（1）实现扫雷游戏的各项规则。

（2）使用图形函数生成界面等。

（3）用文件存储用户的进度。

（4）用户开始新游戏时,先检测是否有历史记录,若有则可以继续未完成的游戏,也可以重新开始。

（5）实现用户排名功能,要求能够将排名、成绩信息永久保存至文件。

（6）当需要将新用户的成绩插入排名列表时,要求能够修改原列表信息。如果是同一用户需要更新成绩,则覆盖原成绩。

（7）使用链表实现插入、修改、删除排名和成绩等信息。

【题目 24】 2048 游戏

基本要求如下。

（1）实现游戏规则。

（2）使用图形函数生成界面等。

（3）用文件存储用户的游戏进度。

（4）用户开始新游戏时,先检测是否有历史记录,若有则可以继续未完成的游戏,也可以重新开始。

（5）实现用户排名功能,要求能够将排名信息永久保存至文件。

（6）当需要将新用户的成绩插入排名列表时,要求能够修改原列表信息。如果是同一用户需要更新成绩,则覆盖原成绩。

（7）使用链表实现插入、修改、删除排名信息等功能。

游戏规则如下。

2048 游戏共有 16 个格子,初始数字由 2 或 4 构成。

（1）手指向一个方向滑动,所有格子就会向那个方向运动。

（2）相同数字的两个格子相撞时数字会相加。

（3）每次滑动时,空白处会随机刷新出一个数字的格子。

（4）当界面不可运动时(当界面全部被数字填满时),游戏结束;当界面中最大数字是 2048 时,游戏胜利。

🔑 2.5　案例一：通讯录管理系统

2.5.1　需求分析

本通讯录管理系统采用 Visual C++ 6.0 作为开发环境,处理对象为学生(即联系人),主要功能是对学生信息进行录入、删除、查找、修改、显示输出等。本系统给用户提供一个简易的操作界面,用户可以根据提示输入操作项,调用相应函数来完成系统提供的各项管理功能。主要功能描述如下。

1. 人机操控平台

用户通过选择不同选项来操作系统,包括退出系统、增加联系人信息、删除联系人、查找联系人、修改联系人信息、输出联系人信息以及查看系统开发者信息等。

2. 增加联系人信息

用户根据提示输入学生的学号、姓名、性别、出生日期、手机号、QQ 号、Email、联系地址等信息。本系统一次只录入一个联系人信息,当需要录入多名学生信息时,可采用多次添加的方式。

3. 删除联系人信息

根据系统提示,用户输入待删除学生的学号,系统根据用户输入的学号进行查找。若没有找到相关记录,则提示"此联系人不存在";否则,系统将直接删除该联系人的全部信息。

4. 查找联系人信息

本系统提供两种查找联系人的方式,即按学号查找和按姓名查找。用户根据系统提示选择相应的查找方式,若选择按学号查找,则需要输入相应学生的学号以完成信息查找;若选择按姓名查找,则需要输入相应学生的姓名以完成信息查找。系统中若存在待查找的联系人,则输出该联系人的信息,否则提示"此联系人不存在"。

5. 修改联系人信息

根据系统提示,用户输入待修改联系人的学号,若没有查到相关记录,则提示"此联系人不存在";否则提示用户逐一输入修改后的姓名、性别、出生日期、手机号、QQ 号、Email、联系地址等信息。

6. 输出联系人信息

若系统中存在联系人记录,则逐一输出所有联系人信息,否则输出"通讯录中无联系人记录"。

2.5.2　模块设计

本通讯录管理系统的功能模块如图 2.1 所示,共包括 7 个模块:退出系统、增加联系人、删除联系人、查找联系人、修改联系人、输出联系人和关于作者。为了提高程序设计效率,本系统采用单链表实现所有操作。

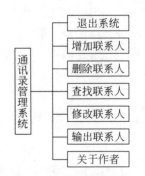

图 2.1　通讯录管理系统的功能模块

1. 退出系统

首先将单链表中所有联系人信息保存至磁盘文件中,然后释放所有内存空间,退出系统。

2. 增加联系人

调用输入函数 AddStu()将用户输入的联系人信息存入单链表中,以实现增加联系人的操作。

3. 删除联系人

用户根据系统提示输入待删除的联系人学号,然后系统判断该联系人记录是否存在。若不存在则给出提示信息,否则将此联系人从单链表中删除。删除联系人的操作由函数 DeleteStu()来实现。

4. 查找联系人

提示用户选择查找方式——按学号查找或按姓名查找。当选择按学号查找时,提示用户输入学号,若该联系人不存在则给出提示信息,否则完成按学号查找功能;当选择按姓名查找时,提示用户输入姓名,若该联系人不存在则给出提示信息,否则完成按姓名查找功能。查找联系人的整个操作由函数 SearchStu()来实现,按学号查找功能由函数 SearchStuID()来实现,按姓名查找功能由函数 SearchStuName()来实现。

5. 修改联系人

提示用户输入学号,并查找此联系人信息,若查找不成功则给出提示信息,否则根据用户输入的新信息更新联系人信息。修改联系人操作由函数 UpdateStu()来实现。

6. 输出联系人

若系统中无联系人记录则输出提示信息,否则输出所有联系人信息。输出联系人操作由函数 OutputStu()来实现。

7. 关于作者

此模块用于提供系统开发者的相关信息,以便读者与作者进一步交流。

2.5.3 程序操作流程

本系统的操作应从人机交互界面的菜单选择开始,用户应输入数字 0～6,选择要进行的操作,如输入其他符号,系统将提示输入错误。输入 0,则调用函数 Exit()退出系统;输入 1,则调用函数 AddStu()进行增加联系人操作;输入 2,则调用函数 DeleteStu()进行删除联系人操作;输入 3,则调用函数 SearchStu()进行查找联系人操作;输入 4,则调用函数 UpdateStu()进行修改联系人操作;输入 5,则调用函数 OutputStu()进行所有输出联系人操作;输入 6,则调用函数 About()输出作者信息。本通讯录管理系统的操作流程如图 2.2 所示。

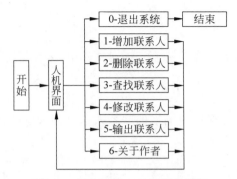

图 2.2　通讯录管理系统操作流程

2.5.4　系统实现

本系统程序主要由 3 个文件构成：book.txt、main.c 和 AddressBook.h。book.txt 用于存储联系人信息；main.c 主要包括主函数等；AddressBook.h 包含文件包含、宏定义、结构体定义、函数声明、函数定义等。

图 2.3　存储联系人信息的文件
book.txt 内容示例

1. 文件 book.txt

book.txt 文件与源程序位于同一目录下，用于存储联系人信息。它所存储的联系人信息依次为学号、姓名、性别、出生日期、手机号、QQ 号、Email 和联系地址。图 2.3 为存储联系人信息的文件 book.txt 内容示例。

2. 文件 main.c

```
#include "AddressBook.h"

void main()
{
    //调用通讯录管理系统的人机界面操作函数
    ShowMenu();
}
```

3. 文件 AddressBook.h

（1）预处理。

```
//文件包含
#include < stdio.h >          //标准输入输出函数库
#include < stdlib.h >         //标准函数库
#include < string.h >         //字符串函数库
#include < conio.h >          //控制台输入输出函数库

//联系人信息长度宏定义
```

```
# define    MAX_ID          12          //学号最大长度
# define    MAX_NAME        11          //姓名最大长度
# define    MAX_SEX         3           //性别最大长度
# define    MAX_BIRTH       11          //出生日期最大长度
# define    MAX_TEL         12          //手机号最大长度
# define    MAX_QQ          10          //QQ号最大长度
# define    MAX_EMAIL       51          //电子邮箱最大长度
# define    MAX_ADDR        101         //联系地址最大长度

//系统菜单选项宏定义
# define    EXIT            0           //退出系统
# define    INPUT           1           //增加联系人
# define    DELETE          2           //删除联系人
# define    SEARCH          3           //查找联系人
# define    UPDATE          4           //修改联系人
# define    OUTPUT          5           //输出联系人
# define    ABOUT           6           //关于作者

//联系人查找方式宏定义
# define    SEARCH_ID       1           //按学号查找
# define    SEARCH_NAME     2           //按姓名查找
```

（2）数据类型定义。

```
//联系人信息结构体
typedef struct _StuInfo
{
    char  id[MAX_ID];                   //学号 — 联系人唯一标识
    char  name[MAX_NAME];               //姓名 — 最长为5个汉字
    char  sex[MAX_SEX];                 //性别 — '男'或'女'
    char  birth[MAX_BIRTH];             //出生日期—如1984 - 01 - 10
    char  tel[MAX_TEL];                 //手机号
    char  qq[MAX_QQ];                   //QQ号
    char  email[MAX_EMAIL];             //电子邮箱
    char  addr[MAX_ADDR];               //联系地址
}StuInfo;

//联系人单链表结构体
typedef  struct  _StuNode            //链表结点
{
    StuInfo  stu;
    struct  _StuNode   * next;
}StuNode;
typedef  StuNode *  StuList;         //链表
```

（3）全局变量定义和函数声明。

```
//全局变量定义,用于保存所有联系人信息的单链表
StuList   book = NULL;                   //初始化链表为空

//人机界面操作函数列表
void   ShowMenu();                       //人机界面函数
void   AddStu();                         //增加联系人
void   DeleteStu();                      //删除联系人
void   SearchStu();                      //查找并显示联系人信息
void   SearchStuID();                    //按学号查找
void   SearchStuName();                  //按姓名查找
```

```
void  UpdateStu();                //修改联系人信息
void  OutputStu();                //输出所有联系人信息
void  Exit();                     //退出通讯录系统
void  About();                    //输出作者信息

//辅助函数列表
void  ReadFile();                 //从文件读出联系人信息
void  WriteFile();                //将联系人信息写入文件
//查找联系人在通讯录中是否已经存在,存在返回1,不存在返回0
int  FindStu(char * id);
```

(4) 人机界面函数定义。

```
void  ShowMenu()
{
    int typeID = 0;
    ReadFile();                        //启动程序前从文件 book.txt 读取通讯录中联系人信息

    while(1)
    {
        system("cls");              //清屏(清除屏幕显示内容)
        printf(" **************************** \n");
        printf(" *       通讯录管理系统       * \n");
        printf(" **************************** \n");
        printf(" *        0 - 退出系统        * \n");
        printf(" *        1 - 增加联系人       * \n");
        printf(" *        2 - 删除联系人       * \n");
        printf(" *        3 - 查找联系人       * \n");
        printf(" *        4 - 修改联系人       * \n");
        printf(" *        5 - 输出联系人       * \n");
        printf(" *        6 - 关于作者        * \n");
        printf(" **************************** \n");
        printf(" ->请选择操作: ");
        scanf(" % d", &typeID);

        if(typeID == EXIT)
        {
            WriteFile();            //程序退出前将联系人信息写入文件
            Exit();                 //退出系统
            break;
        }
        switch(typeID)
        {
        case INPUT:
            system("cls");
            AddStu();               //增加联系人
            system("pause");        //程序暂停
            break;
        case DELETE:
            system("cls");
            DeleteStu();            //删除联系人
            system("pause");
            break;
        case SEARCH:
            SearchStu();            //查找联系人
            break;
        case UPDATE:
```

```
                    system("cls");
                    UpdateStu();           //修改联系人
                    system("pause");
                    break;
                case OUTPUT:
                    system("cls");
                    OutputStu();           //输出联系人
                    system("pause");
                    break;
                case ABOUT:
                    system("cls");
                    About();               //关于作者
                    system("pause");
                    break;
                default:
                    printf("输入有误!\n");
                    system("pause");
                    break;
            }
        }
}
```

（5）增加联系人函数定义。

```
void AddStu()
{
    //分配存储空间
    StuNode   *p = (StuNode * )malloc(sizeof(StuNode));
    printf(" ****************************************** \n");
    printf(" **           请输入联系人信息           ** \n");
    printf("@请输入学号(最大长度为%d个字符)\n->", MAX_ID-1);
    scanf("%s", p->stu.id);
    while(FindStu(p->stu.id) == 1)
    {
        printf("@此联系人已经存在,请重新输入\n->");
        scanf("%s", p->stu.id);
    }
    printf("@请输入姓名(最大长度为%d个字符)\n->", MAX_NAME-1);
    scanf("%s", p->stu.name);
    printf("@请输入性别('男'或'女')\n->");
    scanf("%s", p->stu.sex);
    printf("@请输入出生日期(格式为1984-01-10)\n->");
    scanf("%s", p->stu.birth);
    printf("@请输入手机号\n->");
    scanf("%s", p->stu.tel);
    printf("@请输入QQ号\n->");
    scanf("%s", p->stu.qq);
    printf("@请输入Email(最大长度为%d个字符)\n->", MAX_EMAIL-1);
    scanf("%s", p->stu.email);
    printf("@请输入联系地址(最大长度为%d个字符)\n->", MAX_ADDR-1);
    scanf("%s", p->stu.addr);
    p->next = book;
    book = p;
    printf(" **           联系人添加成功!           ** \n");
    printf(" ****************************************** \n");
}
```

（6）删除联系人函数定义。

```
void  DeleteStu()
{
    StuNode  * pre = book;                    //前一个结点
    StuNode  *p  = book;                      //当前结点
    char  id[MAX_ID];
    printf(" **************************** \n");
    printf(" ** 请输入待删除联系人的学号: \n->");
    scanf(" % s", id);

    while(p)                                  //查找待删除结点
    {
        if(strcmp(p -> stu. id, id) == 0)
            break;
        pre = p;
        p = p -> next;
    }
    if(!p)
        printf(" **     此联系人不存在!       ** \n");
    else
    {
        if(p == book) book = p -> next;
        else pre -> next = p -> next;
        free(p);
        printf(" **        删除成功!         ** \n");
    }
    printf(" **************************** \n");
}
```

（7）查找联系人函数定义。

```
void  SearchStu()
{
    int  type,  flag = 1;
    while(flag)
    {
        system("cls");
        printf(" **************************** \n");
        printf(" *       1 - 按学号查找      * \n");
        printf(" *       2 - 按姓名查找      * \n");
        printf(" **************************** \n");
        printf(" ->选择查找方式: ");
        scanf(" % d", &type);
        switch(type)
        {
        case  SEARCH_ID:
            system("cls");
            SearchStuID();                    //按学号查找
            flag = 0;
            break;
        case  SEARCH_NAME:
            system("cls");
            SearchStuName();                  //按姓名查找
            flag = 0;
            break;
        default:
```

```
            printf("输入有误!\n");
            break;
        }
        system("pause");
    }
}
```

（8）按学号查找函数定义。

```
void  SearchStuID()
{
    StuNode  *p = book;
    char  id[MAX_ID];
    printf(" **************************** \n");
    printf(" ** 请输入要查找的联系人的学号: \n->");
    scanf(" % s", id);

    while(p)                      //检查要查找的联系人是否存在
    {
        if(strcmp(p-> stu.id, id) == 0)
            break;
        p = p->next;
    }
    if(!p)
    {
        printf(" **      此联系人不存在!      ** \n");
        printf(" **************************** \n");
    }
    else                       //如待查找联系人存在则输出信息
    {
        printf(" **************************** \n");
        printf(" *         联系人信息        * \n");
        printf(" **************************** \n");
        printf(" $学      号 : % s\n",  p->stu.id);
        printf(" $姓      名 : % s\n",  p->stu.name);
        printf(" $性      别 : % s\n",  p->stu.sex);
        printf(" $出生日期 : % s\n",  p->stu.birth);
        printf(" $手机号   : % s\n",  p->stu.tel);
        printf(" $QQ 号    : % s\n", p->stu.qq);
        printf(" $Email    : % s\n",  p->stu.email);
        printf(" $联系地址 : % s\n",  p->stu.addr);
        printf(" **************************** \n");
    }
}
```

（9）按姓名查找函数定义。

```
void  SearchStuName()
{
    StuNode  *p = book;
    char   name[MAX_NAME];
    printf(" **************************** \n");
    printf(" ** 请输入要查找的联系人的姓名: \n->");
    scanf(" % s", name);

    while(p)                       //检查要查找的联系人是否存在
    {
```

```
        if(strcmp(p->stu.name, name) == 0)
            break;
        p = p->next;
    }
    if(!p)
    {
        printf("**      此联系人不存在!      **\n");
        printf("***************************\n");
    }
    else  //如要查找的联系人存在则输出信息
    {
        printf("***************************\n");
        printf("*           联系人信息           *\n");
        printf("***************************\n");
        printf("$ 学      号 : %s\n",  p->stu.id);
        printf("$ 姓      名 : %s\n",  p->stu.name);
        printf("$ 性      别 : %s\n",  p->stu.sex);
        printf("$ 出生日期 : %s\n",  p->stu.birth);
        printf("$ 手机号   : %s\n",  p->stu.tel);
        printf("$ QQ 号    : %s\n",  p->stu.qq);
        printf("$ Email    : %s\n",  p->stu.email);
        printf("$ 联系地址 : %s\n",  p->stu.addr);
        printf("***************************\n");
    }
}
```

（10）修改联系人函数定义。

```
void  UpdateStu()
{
    StuNode  *p = book;
    char  id[MAX_ID];
    printf("***************************\n");
    printf("** 请输入待修改联系人的学号: \n->");
    scanf("%s", id);

    while(p)                  //查找待修改结点
    {
        if(strcmp(p->stu.id, id) == 0)
            break;
        p = p->next;
    }
    if(!p)
    {
        printf("**      此联系人不存在!      **\n");
        printf("***************************\n");
    }
    else
    {
        printf("- $ 原姓名: %s\n", p->stu.name);
        printf("->新姓名: ");
        scanf("%s",  p->stu.name);
        printf("- $ 原性别: %s\n", p->stu.sex);
        printf("->新性别: ");
        scanf("%s",  p->stu.sex);
        printf("- $ 原出生日期: %s\n",  p->stu.birth);
        printf("->新出生日期: ");
```

```
        scanf("%s",  p->stu.birth);
        printf("-$原手机号: %s\n",  p->stu.tel);
        printf("->新手机号: ");
        scanf("%s",  p->stu.tel);
        printf("-$原QQ号: %s\n",  p->stu.qq);
        printf("->新QQ号: ");
        scanf("%s",  p->stu.qq);
        printf("-$原Email: %s\n",  p->stu.email);
        printf("->新Email: ");
        scanf("%s",  p->stu.email);
        printf("-$原联系地址: %s\n",  p->stu.addr);
        printf("->新联系地址: ");
        scanf("%s",  p->stu.addr);
        printf("**      修改成功!      **\n");
        printf("****************************\n");
    }
}
```

（11）输出所有联系人函数定义。

```
void  OutputStu()
{
    int  i = 0;
    StuNode  *p = book;
    if(!p)              //链表为空
    {
        printf("****************************\n");
        printf("**  通讯录中无联系人记录!  **\n");
        printf("****************************\n");
        return;
    }
    while(p)
    {
        printf("****************************\n");
        printf("*      联系人%d信息      *\n",++i);
        printf("****************************\n");
        printf("$学     号 : %s\n",  p->stu.id);
        printf("$姓     名 : %s\n",  p->stu.name);
        printf("$性     别 : %s\n",  p->stu.sex);
        printf("$出生日期 : %s\n",  p->stu.birth);
        printf("$手机号   : %s\n",  p->stu.tel);
        printf("$QQ号     : %s\n",  p->stu.qq);
        printf("$Email    : %s\n",  p->stu.email);
        printf("$联系地址 : %s\n",  p->stu.addr);
        printf("****************************\n");
        p = p->next;
    }
}
```

（12）退出系统函数定义。

```
void  Exit()
{
    StuNode  *p = book;
    while(p)          //释放每个结点的内存空间
    {
        book = p->next;
```

```
        free(p);
        p = book;
    }
}
```

（13）从文件读取联系人信息函数定义。

```
void  ReadFile()
{
    StuNode  * p;
    char  id[MAX_ID];
    FILE  * pf = fopen("book.txt", "r");    //以读方式打开文件
    if(!pf)  return;                        //打开文件失败
    //从文件中逐一读出每个联系人信息
    while(fscanf(pf, "% s", id)!= EOF)
    {
        p = (StuNode * )malloc(sizeof(StuNode));
        strcpy(p->stu.id, id);
        fscanf(pf, "% s",  p->stu.name);
        fscanf(pf, "% s",  p->stu.sex);
        fscanf(pf, "% s",  p->stu.birth);
        fscanf(pf, "% s",  p->stu.tel);
        fscanf(pf, "% s",  p->stu.qq);
        fscanf(pf, "% s",  p->stu.email);
        fscanf(pf, "% s",  p->stu.addr);
        //将每个联系人(结点)加入链表中
        p->next = book;
        book = p;
        p = NULL;
    }
    fclose(pf);                             //关闭文件
}
```

（14）将联系人信息写入文件函数定义。

```
void  WriteFile()
{
    StuNode  * p = book;
    FILE  * pf = fopen("book.txt", "w");    //以写方式打开文件
    if(!pf)  return;                        //打开文件失败
    while(p)                                //将链表中的每个结点(联系人)写入文件
    {
        fprintf(pf, "% s\n",  p->stu.id);
        fprintf(pf, "% s\n",  p->stu.name);
        fprintf(pf, "% s\n",  p->stu.sex);
        fprintf(pf, "% s\n",  p->stu.birth);
        fprintf(pf, "% s\n",  p->stu.tel);
        fprintf(pf, "% s\n",  p->stu.qq);
        fprintf(pf, "% s\n",  p->stu.email);
        fprintf(pf, "% s\n",  p->stu.addr);
        p = p->next;
    }
    fclose(pf);                             //关闭文件
}
```

（15）查找联系人是否存在函数定义。

```
int  FindStu(char * id)
{
    StuNode  * p = book;
    while(p)                      //在链表中按学号查找某一联系人是否存在
    {
        if(strcmp(id, p -> stu. id) == 0)
              return 1;           //存在则返回 1
        p = p->next;
    }
    return 0;                     //不存在则返回 0
}
```

（16）关于作者函数定义。

```
void  About()
{
    printf(" ************************ \n");
    printf(" *                        * \n");
    printf(" * 作者：龙建武             * \n");
    printf(" * 邮箱：jwlong@cqut. edu. cn   * \n");
    printf(" * 学院：计算机科学与工程学院 * \n");
    printf(" * 学校：重庆理工大学        * \n");
    printf(" *                        * \n");
    printf(" *                        * \n");
    printf(" ************************ \n");
}
```

2.5.5　系统测试

1. 人机界面

运行系统即可进入主界面，如图 2.4 所示。用户可通过输入数字 0～6 来操作系统，输入其他数值均会输出错误提示，如图 2.5 所示。

图 2.4　通讯录管理系统主界面

图 2.5　输入错误提示信息

2．增加联系人

在主界面中输入 1 即可增加联系人。本系统一次只能增加一个联系人信息，输入完成后系统将输出联系人添加成功的提示信息，如图 2.6 所示，然后返回主界面，等待用户下一步操作。

图 2.6　成功增加联系人示例

3．删除联系人

在主界面中输入 2 即可删除联系人。首先由用户输入待删除联系人的学号，若该联系人存在则直接删除，如图 2.7 所示；若不存在，则给出提示信息，如图 2.8 所示。

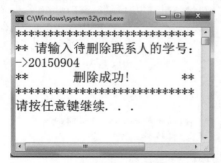

图 2.7　成功删除联系人示例

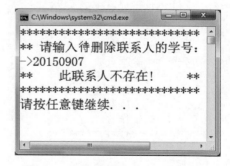

图 2.8　未成功删除联系人提示信息

4．查找联系人

在主界面中输入 3 即可查找联系人，本系统有两种查找方式：按学号查找和按姓名查找,如图 2.9 所示。输入数字 1,进入按学号查找方式；输入数字 2,进入按姓名查找方式。若通讯录中存在要查找的联系人,则输出该联系人信息,否则输出提示信息。图 2.10 为按姓名查找方式输出结果示例。

图 2.9　选择查找方式界面　　　　图 2.10　按姓名查找方式输出结果示例

5. 修改联系人

在主界面中输入 4 即可修改联系人信息。首先由用户输入待修改联系人的学号,若该联系人存在,则可修改其信息,如图 2.11 所示；若不存在,则输出提示信息。

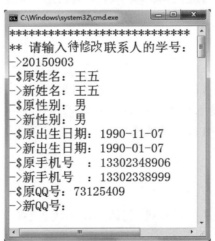

图 2.11　修改联系人信息示例

6. 输出联系人

在主界面中输入 5 即可输出所有联系人信息,如图 2.12 所示。若通讯录中无联系人记录,则输出提示信息。

7. 输出作者信息

在主界面中输入 6 即可输出作者信息,如图 2.13 所示。

图 2.12 输出联系人信息

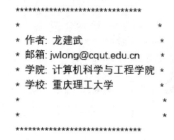

图 2.13 输出作者信息

🔑 2.6 案例二:学生成绩管理系统

2.6.1 需求分析

学生成绩管理系统采用 Visual C++ 6.0 作为开发环境,主要功能是对学生成绩信息进行录入、删除、查找、修改、显示输出等。本系统给用户提供一个简易的操作界面,以便用户根据提示输入操作项,调用相应函数来完成系统提供的各项管理功能。主要功能描述如下。

1. 人机操控平台

用户通过选择不同选项来操作系统,包括退出系统、增加学生、删除学生、查找学生、修改学生信息、输出学生信息和关于作者。

2. 增加学生

用户根据提示输入学生的学号、姓名、性别、C 语言成绩、高数成绩、英语成绩等信息。本系统一次录入一个学生信息,当需要录入多个学生信息时,可采用多次添加方式。

3．删除学生

根据系统提示，用户输入待删除学生的学号，系统根据用户的输入进行查找。若没有查找到相关记录，则提示"此学生不存在"；否则，系统将直接删除该学生的全部信息。

4．查找学生

本系统提供两种查找学生的方式，即按学号查找和按姓名查找。用户根据系统提示选择相应的查找方式，若选择按学号查找，则需要输入相应学生的学号以完成信息查找；若选择按姓名查找，则需要输入相应学生的姓名以完成信息查找。系统中若存在待查找的学生，则输出该学生的信息，否则提示"此学生不存在"。

5．修改学生信息

根据系统提示，用户输入待修改学生的学号，若没有查到相关记录，则提示"此学生不存在"；否则输出该学生的所有信息及需要修改的项目列表，用户根据需要修改的项目进行选择并修改相关信息。

6．输出学生信息

若系统中存在学生记录，则逐一输出所有学生信息，否则输出无学生记录提示信息。

2.6.2 模块设计

学生成绩管理系统的功能模块如图 2.14 所示，共包括 7 个模块：退出系统、增加学生、删除学生、查找学生、修改学生信息、输出学生信息及关于作者。为了提高程序设计效率，本系统仍采用单链表实现所有操作。

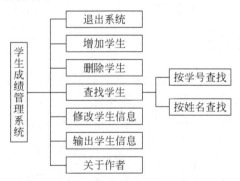

图 2.14 学生成绩管理系统的功能模块

1．退出系统

将单链表中所有学生信息保存至磁盘文件中，然后释放所有内存空间，退出系统。

2．增加学生

调用输入函数 AddStu()将用户输入的学生信息存入单链表中，以实现增加学生的操作。

3. 删除学生

用户根据系统提示输入要删除的学生学号,然后系统判断该学生记录是否存在。若不存在则给出提示信息,否则将此学生从单链表中删除。删除学生的操作由函数 DeleteStu( ) 来实现。

4. 查找学生

提示用户选择查找方式:按学号查找或按姓名查找。当选择按学号查找时,提示用户输入学号,若该学生不存在则给出提示信息,否则完成按学号查找功能;当选择按姓名查找时,提示用户输入姓名,若该学生不存在则给出提示信息,否则完成按姓名查找操作。查找学生的整个操作由函数 SearchStu( ) 来实现,按学号查找功能由函数 SearchStuID( ) 来实现,按姓名查找功能由函数 SearchStuName( ) 来实现。

5. 修改学生信息

提示用户输入学号,并查找此学生信息。若查找不成功则给出提示信息,否则输出该学生的所有信息及需要修改的项目列表,用户根据需要修改的项目进行选择并修改相关信息。修改学生信息的操作由函数 UpdateStu( ) 来实现。

6. 输出学生信息

若系统中无学生记录,则给出提示信息,否则输出所有学生信息。输出学生信息的操作由函数 OutputStu( ) 来实现。

7. 关于作者

此模块用于提供系统开发者相关信息,以便读者与开发者进一步交流。

2.6.3 程序操作流程

学生成绩管理系统的操作应从人机交互界面的菜单选择开始,用户应输入数字 0~6 选择要进行的操作,如果输入其他符号系统将提示输入错误。输入 0,则调用函数 Exit( ) 退出系统;输入 1,则调用函数 AddStu( ) 进行增加学生操作;输入 2,则调用函数 DeleteStu( ) 进行删除学生操作;输入 3,则调用函数 SearchStu( ) 进行查找学生操作;输入 4,则调用函数 UpdateStu( ) 进行修改学生信息操作;输入 5,则调用函数 OutputStu( ) 进行输出学生信息操作;输入 6,则调用函数 About( ) 输出作者信息。学生成绩管理系统的操作流程如图 2.15 所示。

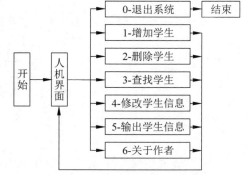

图 2.15 学生成绩管理系统操作流程

2.6.4　系统实现

本程序主要由 3 个文件构成: score. txt、main. c 和 StudentScore. h。文件 score. txt 用于存储学生信息;文件 main. c 主要包括主函数等;文件 StudentScore. h 包含文件包含、宏定义、结构体定义、函数声明、函数定义等信息。

1. 文件 score. txt

score. txt 文件与源程序位于同一目录下,用于存储学生信息。所存储的学生信息依次为学号、姓名、性别、C 语言成绩、高等数学成绩和英语成绩。如图 2.16 所示为存储学生信息的文件 score. txt 内容示例。

图 2.16　存储学生信息的文件 score. txt 内容示例

2. 文件 main. c

```c
# include "StudentScore. h"

void  main()
{
    //调用学生成绩管理系统的人机界面操作函数
    ShowMenu();
}
```

3. 文件 StudentScore. h

(1) 预处理。

```c
//文件包含
# include < stdio. h >          //标准输入输出函数库
# include < stdlib. h >         //标准函数库
# include < string. h >         //字符串函数库
# include < conio. h >          //控制台输入输出函数库

//学生信息长度宏定义
# define   MAX_ID              12          //学号最大长度
# define   MAX_NAME            11          //姓名最大长度
# define   MAX_SEX             3           //性别最大长度
```

```
//系统菜单选项宏定义
#define  EXIT          0              //退出系统
#define  INPUT         1              //增加学生
#define  DELETE        2              //删除学生
#define  SEARCH        3              //查找学生
#define  UPDATE        4              //修改学生信息
#define  OUTPUT        5              //输出学生信息
#define  ABOUT         6              //关于作者

//查找方式宏定义
#define  SEARCH_ID     1              //按学号查找
#define  SEARCH_NAME   2              //按姓名查找

//修改项目宏定义
#define  UPDATE_ID     1              //修改学号
#define  UPDATE_NAME   2              //修改姓名
#define  UPDATE_SEX    3              //修改性别
#define  UPDATE_C      4              //修改C语言成绩
#define  UPDATE_MATH   5              //修改高等数学成绩
#define  UPDATE_ENG    6              //修改英语成绩
```

(2) 数据类型定义。

```
//学生信息结构体
typedef  struct  _StuScore
{
    char  id  [MAX_ID];              //学号 — 联系人唯一标识
    char  name[MAX_NAME];            //姓名 — 最长为5个汉字
    char  sex [MAX_SEX];             //性别 — '男'或'女'
    int   CLanguage;                 //C语言成绩
    int   Mathematics;               //高等数学成绩
    int   English;                   //英语成绩
    int   Total;                     //总分
}StuScore;

//学生成绩链表结构体
typedef  struct  _StuScoreNode
{
    StuScore data;
    struct  _StuScoreNode  * next;
}StuScoreNode;
typedef  StuScoreNode *  StuScoreList;
```

(3) 全局变量定义和函数声明。

```
//全局变量定义,用于保存所有学生成绩的单链表
StuScoreList  score;

//人机界面操作函数列表
void  ShowMenu();                    //人机界面函数
void  AddStu();                      //增加学生
void  DeleteStu();                   //删除学生
void  SearchStu();                   //查找并显示学生信息
void  SearchStuID();                 //按学号查找
void  SearchStuName();               //按姓名查找
void  UpdateStu();                   //修改学生信息
void  OutputStu();                   //输出学生信息
```

```
void   Exit();                    //退出系统
void   About();                   //输出作者信息

//辅助函数列表
void   ReadFile();                //从文件读取学生成绩信息
void   WriteFile();               //将学生成绩信息写入文件
//查找某学生在系统中是否已经存在,存在则返回1,不存在则返回0
int    FindStu(char * id);
```

（4）人机界面函数定义。

```
void   ShowMenu()
{
    int typeID = 0;

    ReadFile();                   //启动程序前从文件读取所有学生成绩信息

    while(1)
    {
        system("cls");            //清屏(清除屏幕显示内容)
        printf(" *************************** \n");
        printf(" *      学生成绩管理系统      * \n");
        printf(" *************************** \n");
        printf(" *      0 - 退 出 系 统       * \n");
        printf(" *      1 - 增 加 学 生       * \n");
        printf(" *      2 - 删 除 学 生       * \n");
        printf(" *      3 - 查 找 学 生       * \n");
        printf(" *      4 - 修改学生信息      * \n");
        printf(" *      5 - 输出学生信息      * \n");
        printf(" *      6 - 关 于 作 者       * \n");
        printf(" *************************** \n");
        printf(" ->请选择操作: ");
        scanf(" % d", &typeID);

        if(typeID == EXIT)
        {
            WriteFile();          //程序退出前将学生成绩信息写入文件
            Exit();               //退出系统
            break;
        }

        switch(typeID)
        {
        case  INPUT:
            system("cls");
            AddStu();             //增加学生
            system("pause");      //程序暂停
            break;
        case  DELETE:
            system("cls");
            DeleteStu();          //删除学生
            system("pause");
            break;
        case  SEARCH:
            SearchStu();          //查找学生
            break;
        case  UPDATE:
```

```
                system("cls");
                UpdateStu();                    //修改学生信息
                system("pause");
                break;
            case  OUTPUT:
                system("cls");
                OutputStu();                    //输出学生信息
                system("pause");
                break;
            case  ABOUT:
                system("cls");
                About();                        //输出作者信息
                system("pause");
                break;
            default:
                printf("输入有误!\n");
                system("pause");
                break;
        }
    }
}
```

（5）增加学生函数定义。

```
void  AddStu()
{
    //分配存储空间
    StuScoreNode  * p = (StuScoreNode * )malloc(sizeof(StuScoreNode));
    printf(" ******************************** \n");
    printf(" **            请输入学生信息            ** \n");
    printf("@请输入学号(最大长度为%d个字符)\n->", MAX_ID - 1);
    scanf("% s",  p->data.id);
    while(FindStu(p->data.id) == 1)
    {
        printf("@此学生已经存在,请重新输入\n->");
        scanf("% s",  p->data.id);
    }
    printf("@请输入姓名(最大长度为%d个字符)\n->", MAX_NAME - 1);
    scanf("% s",  p->data.name);
    printf("@请输入性别('男'或'女')\n->");
    scanf("% s",  p->data.sex);
    printf("@请输入C语言成绩(0～100)\n->");
    scanf("% d", &p->data.CLanguage);
    p->data.Total = p->data.CLanguage;
    printf("@请输入高等数学成绩(0～100)\n->");
    scanf("% d", &p->data.Mathematics);
    p->data.Total += p->data.Mathematics;
    printf("@请输入英语成绩(0～100)\n->");
    scanf("% d", &p->data.English);
    p->data.Total += p->data.English;
    p->next = score;
    score = p;
    printf(" **                添加成功!                ** \n");
    printf(" ******************************** \n");
}
```

（6）删除学生函数定义。

```
void  DeleteStu()
{
    StuScoreNode  * pre = score;                    //前一个结点
    StuScoreNode  * p = score;                      //当前结点
    char   id[MAX_ID];
    printf(" **************************** \n");
    printf(" ** 请输入要删除学生的学号: \n->");
    scanf(" % s",   id);

    while(p)                                        //查找待删除结点
    {
        if(strcmp(p -> data. id, id) == 0)
            break;
        pre = p;
        p  = p -> next;
    }
    if(!p)
        printf(" **         此学生不存在!          ** \n");
    else
    {
        char  ch;
        printf(" ->输入 'y'或'Y'删除记录!\n");
        ch = getch();
        if(ch == 'y' || ch == 'Y')
        {
            if(p == score) score  = p -> next;
            else   pre -> next = p -> next;
            free(p);
            printf(" **         删除成功!          ** \n");
        }
    }
    printf(" **************************** \n");
}
```

（7）查找学生函数定义。

```
void  SearchStu()
{
    int   type,   flag = 1;
    while(flag)
    {
        system("cls");
        printf(" ************************** \n");
        printf(" *      1 - 按学号查找        * \n");
        printf(" *      2 - 按姓名查找        * \n");
        printf(" ************************** \n");
        printf(" ->选择查找方式: ");
        scanf(" % d", &type);
        switch(type)
        {
        case SEARCH_ID:
            system("cls");
            SearchStuID();                    //按学号查找
            flag = 0;
            break;
        case SEARCH_NAME:
            system("cls");
```

```
            SearchStuName();            //按姓名查找
            flag = 0;
            break;
        default:
            printf("输入有误!\n");
            break;
        }
        system("pause");
    }
}
```

（8）按学号查找函数定义。

```
void  SearchStuID()
{
    StuScoreNode  * p = score;
    char  id[MAX_ID];
    printf(" ***************************** \n");
    printf(" ** 请输入要查找学生的学号: \n->");
    scanf("% s",  id);

    while(p)                      //检查待查找学生是否存在
    {
        if(strcmp(p-> data. id, id) == 0)
            break;
        p = p-> next;
    }
    if(!p)
    {
        printf(" **        此学生不存在!        ** \n");
        printf(" ************************** \n");
    }
    else                          //如待查找学生存在则输出信息
    {
        printf(" *************************** \n");
        printf(" *            学生信息            * \n");
        printf(" *************************** \n");
        printf("$学          号  : % s\n",  p-> data. id);
        printf("$姓          名  : % s\n",  p-> data. name);
        printf("$性          别  : % s\n",  p-> data. sex);
        printf("$C 语 言 成 绩  : % d\n", p-> data. CLanguage);
        printf("$高等数学成绩  : % d\n", p-> data. Mathematics);
        printf("$英 语 成 绩  : % d\n", p-> data. English);
        printf("$总          分  : % d\n", p-> data. Total);
        printf(" *************************** \n");
    }
}
```

（9）按姓名查找函数定义。

```
void  SearchStuName()
{
    StuScoreNode  * p = score;
    char  name[MAX_NAME];
    printf(" *************************** \n");
    printf(" ** 请输入要查找学生的姓名: \n->");
    scanf("% s",name);
```

```
    while(p)                        //检查待查找学生是否存在
    {
        if(strcmp(p -> data. name, name) == 0)
            break;
        p = p -> next;
    }
    if(!p)
    {
        printf(" **        此学生不存在!        ** \n");
        printf(" **************************** \n");
    }
    else                        //如待查找学生存在则输出信息
    {
        printf(" **************************** \n");
        printf(" *           学生信息                * \n");
        printf(" **************************** \n");
        printf("$ 学        号   : % s\n",  p -> data. id);
        printf("$ 姓        名   : % s\n",  p -> data. name);
        printf("$ 性        别   : % s\n",  p -> data. sex);
        printf("$ C 语 言 成 绩  : % d\n",  p -> data. CLanguage);
        printf("$ 高等数学成绩  : % d\n",  p -> data. Mathematics);
        printf("$ 英 语 成 绩    : % d\n",  p -> data. English);
        printf("$ 总        分    : % d\n",  p -> data. Total);
        printf(" **************************** \n");
    }
}
```

（10）修改学生信息函数定义。

```
void  UpdateStu()
{
    StuScoreNode   * p = score;
    char   id[MAX_ID];
    printf(" **************************** \n");
    printf(" ** 请输入要修改学生的学号: \n ->");
    scanf(" % s",  id);

    while(p)                        //查找待修改结点
    {
        if(strcmp(p -> data. id, id) == 0)
            break;
        p = p -> next;
    }
    if(!p)
    {
        printf(" **        此学生不存在!            ** \n");
        printf(" **************************** \n");
    }
    else
    {
        int type;
        while(1)
        {
            system("cls");
            printf(" **************************** \n");
            printf(" *           学生信息                * \n");
            printf(" **************************** \n");
```

```
            printf("$ 学      号   : %s\n",  p->data.id);
            printf("$ 姓      名   : %s\n",  p->data.name);
            printf("$ 性      别   : %s\n",  p->data.sex);
            printf("$ C语言成绩   : %d\n",  p->data.CLanguage);
            printf("$ 高等数学成绩 : %d\n",  p->data.Mathematics);
            printf("$ 英语成绩    : %d\n",  p->data.English);
            printf("$ 总      分   : %d\n",  p->data.Total);
            printf("****************************\n");
            printf("*     0 - 退 出            *\n");
            printf("*     1 - 修改学号          *\n");
            printf("*     2 - 修改姓名          *\n");
            printf("*     3 - 修改性别          *\n");
            printf("*     4 - 修改C语言成绩     *\n");
            printf("*     5 - 修改高等数学成绩   *\n");
            printf("*     6 - 修改英语成绩       *\n");
            printf("****************************\n");
            printf("->选择修改项目:");
            scanf("%d", &type);
            if(type == 0)
                break;
            switch(type)
            {
            case UPDATE_ID:
                printf("->输入学号:");
                scanf("%s",  p->data.id);
                break;
            case UPDATE_NAME:
                printf("->输入姓名:");
                scanf("%s",  p->data.name);
                break;
            case UPDATE_SEX:
                printf("->输入性别:");
                scanf("%s",  p->data.sex);
                break;
            case UPDATE_C:
                printf("->输入C语言成绩:");
                scanf("%d",  &p->data.CLanguage);
                break;
            case UPDATE_MATH:
                printf("->输入高等数学成绩:");
                scanf("%d",  &p->data.Mathematics);
                break;
            case UPDATE_ENG:
                printf("->输入英语成绩:");
                scanf("%d",  &p->data.English);
                break;
            default:
                printf("输入错误!\n");
                system("pause");
                break;
            }
            if(type >= 4 && type <= 6)          //修改总成绩
                p->data.Total = p->data.CLanguage + p->data.Mathematics + p->data.English;
            if(type >= 1 && type <= 6)
            {
                printf("修改成功!\n");
                system("pause");
            }
        }
    }
}
```

（11）输出学生信息函数定义。

```
void  OutputStu()
{
    int i = 0;
    StuScoreNode  * p = score;
    if(!p)                  //链表为空
    {
        printf(" ************************** \n");
        printf(" ** 成绩管理系统中无学生记录 ** \n");
        printf(" ************************** \n");
        return;
    }
    while(p)
    {
        printf(" ************************** \n");
        printf(" *        学生 % d 信息        * \n",++i);
        printf(" ************************** \n");
        printf(" $ 学        号  : % s\n",  p->data.id);
        printf(" $ 姓        名  : % s\n",  p->data.name);
        printf(" $ 性        别  : % s\n",  p->data.sex);
        printf(" $ C 语 言 成 绩  : % d\n",  p->data.CLanguage);
        printf(" $ 高 等 数 学 成 绩  : % d\n",  p->data.Mathematics);
        printf(" $ 英 语 成 绩  : % d\n",  p->data.English);
        printf(" $ 总        分  : % d\n",  p->data.Total);
        printf(" ************************** \n");
        p = p->next;
    }
}
```

（12）退出学生成绩管理系统函数定义。

```
void  Exit()
{
    StuScoreNode * p = score;
    while(p)          //释放每个结点内存空间
    {
        score = p->next;
        free(p);
        p = score;
    }
}
```

（13）从文件读取学生信息函数定义。

```
void  ReadFile()
{
    StuScoreNode  * p;
    char  id[MAX_ID];
    FILE * pf = fopen("score.txt", "r");          //以读方式打开文件
    if(!pf) return;                               //打开文件失败
    //从文件中逐一读取每名学生成绩信息
    while(fscanf(pf, " % s", id)!= EOF)
    {
        p = (StuScoreNode * )malloc(sizeof(StuScoreNode));
        strcpy(p->data.id,  id);
        fscanf(pf, " % s",  p->data.name);
```

```
        fscanf(pf, "%s",  p->data.sex);
        fscanf(pf, "%d", &p->data.CLanguage);
        fscanf(pf, "%d", &p->data.Mathematics);
        fscanf(pf, "%d", &p->data.English);
        fscanf(pf, "%d", &p->data.Total);
        //将每名学生信息(结点)加入链表中
        p->next = score;
        score = p;
        p = NULL;
    }
    fclose(pf);   //关闭文件
}
```

(14) 将学生信息写入文件函数定义。

```
void  WriteFile()
{
    StuScoreNode  *p = score;
    FILE *pf = fopen("score.txt", "w");        //以写方式打开文件
    if(!pf) return;                            //打开文件失败
    while(p)                                   //将链表中的每个结点(学生信息)写入文件
    {
        fprintf(pf, "%s\n",  p->data.id);
        fprintf(pf, "%s\n",  p->data.name);
        fprintf(pf, "%s\n",  p->data.sex);
        fprintf(pf, "%d\n",  p->data.CLanguage);
        fprintf(pf, "%d\n",  p->data.Mathematics);
        fprintf(pf, "%d\n",  p->data.English);
        fprintf(pf, "%d\n",  p->data.Total);
        p = p->next;
    }
    fclose(pf);                                //关闭文件
}
```

(15) 查找学生是否存在函数定义。

```
int  FindStu(char * id)
{
    StuScoreNode  *p = score;
    while(p)                    //在链表中以按学号查找方式查找某一联系人是否存在
    {
        if(strcmp(id,  p->data.id) == 0)
            return 1;           //存在则返回 1
        p = p->next;
    }
    return 0;                   //不存在则返回 0
}
```

(16) 输出作者信息函数定义。

```
void  About()
{
    printf(" ************************* \n");
    printf(" *                       * \n");
    printf(" * 作者:龙建武            * \n");
```

```
      printf(" *  邮箱: jwlong@cqut.edu.cn    * \n");
      printf(" *  学院: 计算机科学与工程学院  * \n");
      printf(" *  学校: 重庆理工大学            * \n");
      printf(" *                               * \n");
      printf(" *         2024 年 3 月 21 日     * \n");
      printf(" ***************************** \n");
}
```

2.6.5 系统测试

1. 人机界面

运行系统即可进入主界面,如图 2.17 所示。用户可通过输入数字 0~6 来操作系统,输入其他数值系统均会输出错误提示。

2. 增加学生

在主界面中输入 1 即可增加学生。本系统一次只能输入一个学生信息,输入完成后系统将输出学生添加成功的信息提示,如图 2.18 所示。

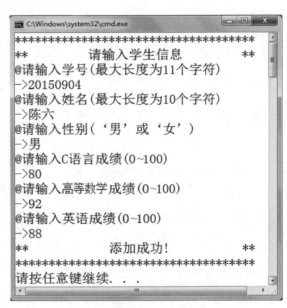

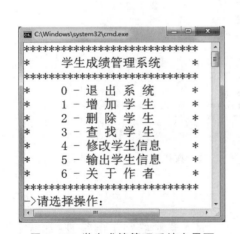

图 2.17 学生成绩管理系统主界面　　　　　图 2.18 成功增加学生

3. 删除学生

在主界面中输入 2 即可删除学生。首先由用户输入要删除学生的学号,若该学生存在,等用户确认(输入'y'或'Y')后则直接删除,如图 2.19 所示;若不存在,则给出提示信息,如图 2.20 所示。

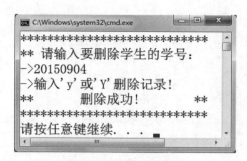

图 2.19　成功删除学生

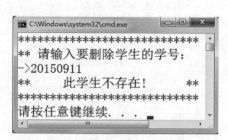

图 2.20　未成功删除学生提示信息

4. 查找学生

在主界面中输入 3 即可查找学生,本系统有两种查找方式:按学号查找和按姓名查找,如图 2.21 所示。输入数字 1,进入按学号查找方式;输入数字 2,进入按姓名查找方式。若系统中存在待查找学生,则输出该学生信息,否则输出提示信息。图 2.22 为按姓名查找方式输出结果示例。

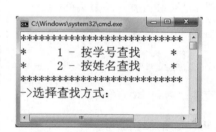

图 2.21　选择查找方式

图 2.22　按姓名查找方式输出结果

5. 修改学生信息

在主界面中输入 4 即可修改学生信息。首先由用户输入要修改学生的学号,若该学生存在,则进入修改界面,如图 2.23 所示;若不存在,则输出提示信息。然后用户选择修改项目,即可完成信息的修改,如图 2.24 所示。

6. 输出学生信息

在主界面中输入 5 即可输出所有学生信息,如图 2.25 所示。若系统中无学生记录则输出提示信息。

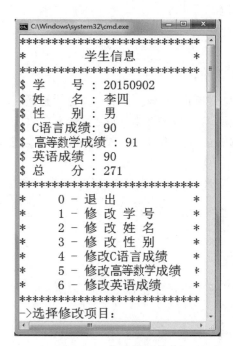

图 2.23 修改学生信息

图 2.24 修改高等数学成绩

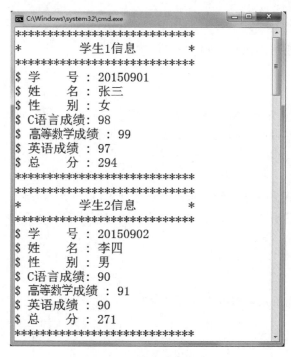

图 2.25 输出学生信息

2.7　案例三：推箱子游戏设计

2.7.1　需求分析

推箱子游戏是在一个狭小的仓库中把箱子移动到指定的目标位置。该游戏是通过控制人的走向来移动箱子,箱子只能向前推,不能向后拉,且一次只能推动一个箱子。因此移动前需细心观察地图,稍不小心就会出现箱子无法移动或者通道被堵的情况,所以需要巧妙地利用有限空间和通道。

这款游戏可以锻炼一个人的逻辑思维能力,可玩性很高。如果自己动手开发这款游戏,既可以了解游戏开发流程,又能增加对编程的兴趣。本游戏将采用 Visual C++ 6.0 环境进行开发,主要功能描述如下。

1. 人机操控平台

启动程序后,系统提供给用户一个操作界面,以便用户操作游戏。

2. 创建并绘制地图

推箱子游戏需要创建不同的地图以增加游戏的趣味性。

3. 选择地图

系统应提供多个地图供用户选择。

4. 移动操作

推箱子游戏主要是通过人或人和箱子的移动来完成的。系统通过接收用户输入的一个字符(按键)来控制人的走向,并且在规则允许的情况下移动箱子。

5. 移动步数和得分

移动步数是统计从游戏开始到结束(通关)所走的总步数,在游戏过程中是实时变化的。得分是统计每将一个箱子移动到目的地得 1 分,只有把所有箱子移动到指定目标位置后游戏才结束(通关)。

6. 游戏操作说明

系统给用户提供地图元素的组成、操作规则等信息。

2.7.2　模块设计

推箱子游戏的程序的功能模块如图 2.26 所示,共包括 5 个模块:创建并绘制地图、选择地图、移动操作、移动步数和得分、游戏操作说明。

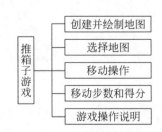

图 2.26　推箱子游戏程序的功能模块

1. 创建并绘制地图

图 2.27 所示为游戏中的一个地图,其中○表示可通行道路、●表示墙壁、□表示目的地、■表示箱子、♀表示人。游戏中,人(♀)需要将所有箱子(■)移动到指定目的地(□)才能赢得游戏。容易看出,该地图实际上就是一个二维数组,因此在程序设计过程中可采用二维数组来表示地图,如 map[10][12] 即对应的二维数组表示。其中 0 表示"○",1 表示"●",2 表示"□",3 表示"■",4 表示"♀"。绘制地图的操作由函数 DrawMap(int map[MAP_ROW][MAP_COL])来实现,其中 MAP_ROW 表示地图高度、MAP_COL 表示地图宽度。详见系统实现部分的宏定义。

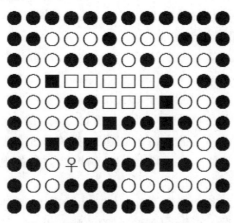

图 2.27　游戏地图示意图

```c
int map[10][12] = {
    {1, 1, 1, 1, 1, 1, 1, 1, 1, 1, 1, 1},
    {1, 1, 0, 0, 0, 1, 0, 0, 0, 1, 1, 1},
    {1, 0, 0, 1, 1, 1, 0, 1, 0, 0, 0, 1},
    {1, 0, 3, 2, 2, 2, 2, 2, 1, 0, 1, 1},
    {1, 0, 0, 1, 1, 2, 2, 2, 3, 0, 0, 1},
    {1, 0, 0, 0, 0, 3, 1, 1, 3, 1, 0, 1},
    {1, 0, 3, 1, 3, 0, 0, 0, 3, 0, 0, 1},
    {1, 0, 1, 0, 4, 0, 1, 1, 3, 1, 0, 1},
    {1, 0, 0, 1, 1, 1, 0, 0, 0, 0, 0, 1},
    {1, 1, 1, 1, 1, 1, 1, 1, 1, 1, 1, 1}
};
```

2. 选择地图

为了提高游戏趣味性,系统应提供多个地图供用户选择,选择游戏地图操作由函数 ChooseMap(int map[MAP_ROW][MAP_COL])来实现。

3. 移动操作

游戏中用户操作方向键"↑"、"↓"、"←"和"→"来控制人分别向上、下、左、右四个方向移动,按键"q"或"Q"直接退出游戏,而按其他键系统不做任何处理。游戏中为了避免屏幕回显效果,程序中使用函数 getch()来获取用户输入的控制键(注意:函数 getchar()和 scanf()

虽能获取用户输入,但这两个函数均具有回显功能)。如果系统检测到用户输入了方向键"↑""↓""←""→",则处理人或人和箱子的移动过程。移动过程中共有以下四种可移动情况。

(1) 人前面是空地。

人向前移动一步,并将移动后人所在位置状态由"空地"修改为"人"。同时修改移动前人所在位置的状态,若移动前人站在空地上,则将该位置状态由"人"修改为"空地";若移动前人站在目的地上,则将该位置状态由"人"修改为"目的地"。

(2) 人前面是目的地。

人向前移动一步,并将移动后人所在位置状态由"目的地"修改为"人"。同时修改移动前人所在位置的状态,若移动前人站在空地上,则将该位置状态由"人"修改为"空地";若移动前人站在目的地上,则将该位置状态由"人"修改为"目的地"。

(3) 人前面是箱子且箱子位于空地上。

由于人前面是箱子,因此需要考虑箱子的移动情况,可分为以下两种可移动情况。

① 箱子前面是空地。

箱子向前移动一步,并将移动后箱子所在位置的状态由"空地"修改为"箱子",得分不变。然后人向前移动一步,并将移动后人所在位置的状态由"箱子"修改为"人"。同时修改移动前人所在位置的状态,若移动前人站在空地上,则将该位置状态由"人"修改为"空地";若移动前人站在目的地上,则将该位置状态由"人"修改为"目的地"。

② 箱子前面是目的地。

箱子向前移动一步,并将移动后箱子所在位置的状态由"目的地"修改为"箱子",得分加1。然后人向前移动一步,并将移动后人所在位置的状态由"箱子"修改为"人"。同时修改移动前人所在位置的状态,若移动前人站在空地上,则将该位置状态由"人"修改为"空地";若移动前人站在目的地上,则将该位置状态由"人"修改为"目的地"。

(4) 人前面是箱子且箱子位于目的地上。

由于人前面是箱子,因此需要考虑箱子的移动情况,可分为以下两种可移动情况。

① 箱子前面是空地。

箱子向前移动一步,并将移动后箱子所在位置的状态由"目的地"修改为"箱子",得分减1。然后人向前移动一步,并将移动后人所在位置的状态由"箱子"修改为"人"。同时修改移动前人所在位置的状态,若移动前人站在空地上,则将该位置状态由"人"修改为"空地";若移动前人站在目的地上,则将该位置状态由"人"修改为"目的地"。

② 箱子前面是目的地。

箱子向前移动一步,并将移动后箱子所在位置的状态由"目的地"修改为"箱子",得分不变。然后人向前移动一步,并将移动后人所在位置的状态由"箱子"修改为"人"。同时修改移动前人所在位置的状态,若移动前人站在空地上,则将该位置状态由"人"修改为"空地";若移动前人站在目的地上,则将该位置状态由"人"修改为"目的地"。

4. 移动步数和得分

游戏中用户操作方向键"↑""↓""←""→"来控制人的走向,每移动一步步数计分加 1。每将一个箱子移动到指定目的地,得分加 1;而每将一个箱子移出目的地,得分减 1。移动步数和得分操作由函数 MoveStep(int map[MAP_ROW][MAP_COL], int * xpos,int

* ypos,int dir,int * step,int * score)来实现。

5. 游戏操作说明

给用户提供游戏帮助信息,以便用户更为熟练地操作游戏。

2.7.3　程序操作流程

启动游戏后进入人机界面,用户应输入 0~3 的值,选择要进行的操作,如果输入其他符号系统将显示输入错误的提示,操作流程图如图 2.28 所示。若用户输入 0,则直接退出系统;若用户输入 1,则进入游戏;若用户输入 2,则显示游戏操作说明;若用户输入 3,则显示作者信息。当用户选择开始游戏后,首先进入地图选择界面,用户选择地图后即可进入游戏界面开始游戏。游戏过程中每移动一步系统将进行一次通关检测,若没有通关则游戏继续,否则游戏结束。游戏过程中若用户想结束游戏,可以输入"q"或"Q"退出。

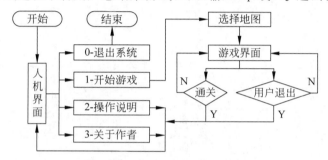

图 2.28　推箱子游戏操作流程图

2.7.4　系统实现

本程序主要由文件 main.c 和 Boxman.h 构成。文件 main.c 主要包括主函数等;文件 Boxman.h 包含文件包含、宏定义、结构体定义、函数声明、函数定义等。

1. 文件 main.c

```
# include "Boxman.h"

void  main()
{
    //调用推箱子游戏的人机界面操作函数
    ShowMenu();
}
```

2. 文件 Boxman.h

(1) 预处理。

```
//文件包含
# include< stdio.h >              //标准输入输出函数库
# include< stdlib.h >             //标准函数库
```

```
# include < string.h >              //字符串函数库
# include < conio.h >               //控制台输入输出函数库

//系统菜单选项宏定义
# define  EXIT          0            //退出系统
# define  START         1            //开始游戏
# define  HELP          2            //操作说明
# define  ABOUT         3            //关于作者

//地图大小宏定义
# define  MAP_ROW       10           //地图行数(高度)
# define  MAP_COL       12           //地图列数(宽度)

//游戏操作移动方向宏定义
# define  DIR_UP        1            //向上移动
# define  DIR_DOWN      2            //向下移动
# define  DIR_LEFT      3            //向左移动
# define  DIR_RIGHT     4            //向右移动

//游戏地图等级选项宏定义
# define  LEVEL_EASY    1            //简单
# define  LEVEL_MEDIAN  2            //中等
# define  LEVEL_HARD    3            //困难

//游戏地图组成宏定义
# define  ROAD          0            //"○"——空地
# define  WALL          1            //"●"——墙壁
# define  DEST          2            //"□"——目的地(destination)
# define  BOX           3            //"■"——箱子
# define  MAN           4            //"♀"——人
# define  BOXD          5            //"■"——箱子在目的地上(D-destination)
# define  MAND          6            //"♀"——人在目的地上(D-destination)
```

(2) 游戏地图定义。

```
//0 表示可通行道路;1 表示墙壁;2 表示目的地;3 表示箱子;4 表示人
//地图 1—简单
int map1[10][12] = {
    {1,1,1,1,1,1,1,1,1,1,1,1},
    {1,0,0,0,0,0,0,0,0,0,1,1},
    {1,0,0,3,0,0,0,0,1,0,0,1},
    {1,1,1,1,1,1,0,0,1,1,0,1},
    {1,0,0,0,0,0,0,0,0,1,1,1},
    {1,1,0,0,0,0,0,0,0,1,1,1},
    {1,0,0,1,1,1,1,1,1,0,0,1},
    {1,0,0,0,0,4,0,0,2,0,1,0,1},
    {1,0,1,1,0,0,0,0,0,0,0,1},
    {1,1,1,1,1,1,1,1,1,1,1,1}
};
//地图 2—中等
int map2[10][12] = {
    {1,1,1,1,1,1,1,1,1,1,1,1},
    {1,1,1,0,0,1,1,0,0,0,1,1},
    {1,0,0,0,0,0,1,1,1,0,0,1},
    {1,1,1,0,0,0,0,0,1,1,0,1},
    {1,1,1,3,1,1,1,0,0,0,0,1},
    {1,1,0,4,0,3,0,0,3,0,1,1},
```

```
    {1,0,0,2,2,1,0,3,0,1,1,1},
    {1,0,1,2,2,1,0,0,0,1,0,1},
    {1,0,0,1,1,0,0,0,0,0,0,1},
    {1,1,1,1,1,1,1,1,1,1,1,1}
};
//地图 3—困难
int map3[10][12] = {
    {1,1,1,1,1,1,1,1,1,1,1,1},
    {1,1,0,0,0,1,0,0,0,1,1,1},
    {1,0,0,1,1,1,0,1,0,0,0,1},
    {1,0,3,2,2,2,2,2,1,0,1,1},
    {1,0,0,1,1,2,2,2,3,0,0,1},
    {1,0,0,0,0,3,1,1,3,1,0,1},
    {1,0,3,1,3,0,0,0,3,0,0,1},
    {1,1,0,4,0,1,1,1,3,1,0,1},
    {1,0,0,1,1,1,0,0,0,0,0,1},
    {1,1,1,1,1,1,1,1,1,1,1,1}
};
```

（3）函数声明。

```
//推箱子游戏函数声明
void  ShowMenu();                                      //人机界面函数
void  ChooseMap(int map[MAP_ROW][MAP_COL]);            //选择游戏地图
//确定地图中人的初始位置
void  FindBoxmanPos(int map[MAP_ROW][MAP_COL], int * xpos, int * ypos);
void  DrawMap(int map[MAP_ROW][MAP_COL]);              //绘制地图
//游戏中移动一步的相应处理函数
void  MoveStep(int map[MAP_ROW][MAP_COL], int * xpos, int * ypos, int dir, int * step, int * score);
void  PlayGame(int map[MAP_ROW][MAP_COL]);             //游戏运行函数
int   CheckBoxNum(int map[MAP_ROW][MAP_COL]);          //检测箱子总数
void  Help();                                          //游戏帮助说明
void  About();                                         //作者信息
```

（4）人机界面函数定义。

```
void  ShowMenu()
{
    int type;
    while(1)
    {
        system("cls");                            //清屏
        printf("***********************\n");
        printf("*       推箱子游戏       *\n");
        printf("***********************\n");
        printf("*     0 - 退 出 系 统      *\n");
        printf("*     1 - 开 始 游 戏      *\n");
        printf("*     2 - 操 作 说 明      *\n");
        printf("*     3 - 关 于 作 者      *\n");
        printf("*************************** \n");
        printf("->请选择操作: ");
        scanf(" %d", &type);
        if(type == EXIT)                          //退出系统
                break;
        switch(type)
        {
```

```
        case START:                         //开始游戏
            PlayGame();
            system("pause");
            break;
        case HELP:                          //操作说明
            system("cls");
            Help();
            system("pause");
            break;
        case ABOUT:                         //关于作者
            system("cls");
            About();
            system("pause");
            break;
        default:
            printf("输入有误!\n");
            system("pause");
            break;
        }
    }
}
```

(5) 地图选择函数定义。

```
void ChooseMap(int map[MAP_ROW][MAP_COL])
{
    int level;
    int ( * p)[MAP_COL] = NULL;                 //数组指针
    int x, y;
    while(1)
    {
        system("cls");
        printf(" ********************* \n");
        printf("*    1 - 地图1(简单)     * \n");
        printf("*    2 - 地图2(中等)     * \n");
        printf("*    3 - 地图3(困难)     * \n");
        printf(" ********************* \n");
        printf("->选择地图(1~3): ");
        scanf(" % d", &level);
        if(level < 1 || level > 3)
        {
            printf("输入错误!\n");
            system("pause");
        }
        else
            break;
    }
    switch(level)
    {
    case LEVEL_EASY:                            //地图1
        p = map1;
        break;
    case LEVEL_MEDIAN:                          //地图2
        p = map2;
        break;
    case LEVEL_HARD:                            //地图3
        p = map3;
```

```
                break;
        default: //默认选在地图1
            p = map1;
            break;
    }

    for(y = 0; y < MAP_ROW; y++)
        for(x = 0; x < MAP_COL; x++)
            map[y][x] = p[y][x];
}
```

（6）确定地图中人的初始位置函数定义。

```
void  FindBoxmanPos(int map[MAP_ROW][MAP_COL],int * xpos, int * ypos)
{
    int x, y;
    for(y = 0; y < MAP_ROW; y++)
        for(x = 0; x < MAP_COL; x++)
            if(map[y][x] == MAN)
            {
                * xpos = x;
                * ypos = y;
            }
}
```

（7）地图绘制函数定义。

```
void  DrawMap(int  map[MAP_ROW][MAP_COL],int step,int score)
{
    //"○"表示可通行道路；"●"表示墙壁；
    //"□"表示目的地；"■"表示箱子；"♀"表示人
    char * c[] = {"○","●","□","■","♀"};
    int x, y;
    system("cls");
    for(y = 0; y < MAP_ROW; y++)
    {
        for(x = 0; x < MAP_COL; x++)
            printf(" % s",c[map[y][x]]);
        printf("\n");
    }
    printf("@@@@@@@@@@@@@@@@@@@@@@@@@@@\n");
    printf("@     移动步数: % d\n", step);
    printf("@     游戏得分: % d\n", score);
    printf("@@@@@@@@@@@@@@@@@@@@@@@@@@@\n");
}
```

（8）箱子数统计函数定义。

```
int  CheckBoxNum(int  map[MAP_ROW][MAP_COL])
{
    int x, y, boxNum = 0;
    for(y = 0; y < MAP_ROW; y++)
        for(x = 0; x < MAP_COL; x++)
            if(map[y][x] == BOX)          //统计箱子个数
                boxNum++;
    return  boxNum;
}
```

（9）人移动处理函数定义。

```
void  MoveStep(int map[MAP_ROW][MAP_COL], int * xpos, int * ypos, int dir, int * step, int * score)
{
    int mx, my;                    //人移动后的坐标(m-man)
    int bx, by;                    //人前面的箱子移动后的坐标(b-box)
    switch(dir)
    {
    case DIR_UP:
        mx = * xpos, my = * ypos - 1;               //人向上移动一步
        bx = mx, by = my - 1;                       //箱子向上移动一步
        break;
    case DIR_DOWN:
        mx = * xpos, my = * ypos + 1;               //人向下移动一步
        bx = mx,  by = my + 1;                      //箱子向下移动一步
        break;
    case DIR_LEFT:
        mx = * xpos - 1, my = * ypos;               //人向左移动一步
        bx = mx - 1, by = my;                       //箱子向左移动一步
        break;
    case DIR_RIGHT:
        mx = * xpos + 1, my = * ypos;               //人向右移动一步
        bx = mx + 1, by = my;                       //箱子向右移动一步
        break;
    }
    //人已到达地图边界,不能再往前移动
    if(mx < 0 || mx > = MAP_COL || my < 0 || my > = MAP_ROW)
        return;

    //case1:人前面是空地
    if(map[my][mx] == ROAD)
    {
        if(map[ * ypos][ * xpos] == MAN)            //人当前站在空地上
            map[ * ypos][ * xpos] = ROAD;
        else                                        //人当前站在目标位置上(MAND)
            map[ * ypos][ * xpos] = DEST;
        //人移动到前面的空地上
        map[my][mx] = MAN;
        * ypos = my;
        * xpos = mx;
        ( * step)++;                                //移动步数加1
    }
    //case2:人前面是目的地
    if(map[my][mx] == DEST)
    {
        if(map[ * ypos][ * xpos] == MAN)            //人当前站在空地上
            map[ * ypos][ * xpos] = ROAD;
        else                                        //人当前站在目标位置上(MAND)
            map[ * ypos][ * xpos] = DEST;
        //人移动到前面的目标位置上
        map[my][mx] = MAND;
        * ypos = my;
        * xpos = mx;
        ( * step)++;                                //移动步数加1
    }

    //箱子已到达地图边界,不能再往前移动
    if(bx < 0 || bx > = MAP_COL || by < 0 || by > = MAP_ROW)
```

```
        return;
//case3:人前面是箱子且箱子位于空地上
if(map[my][mx] == BOX)
{
        //(1) 箱子前面是空地,可移动
        if(map[by][bx] == ROAD)
        {
                map[by][bx] = BOX;                        //箱子移动到前面的空地上
                if(map[ * ypos][ * xpos] == MAN)          //人当前站在空地上
                        map[ * ypos][ * xpos] = ROAD;
                else                                      //人当前站在目标位置上
                        map[ * ypos][ * xpos] = DEST;
                //人移动到前面的空地上
                map[my][mx] = MAN;
                 * ypos = my;
                 * xpos = mx;
                ( * step)++;                              //移动步数加 1
        }

        //(2)箱子前面是目的地,可移动
        if(map[by][bx] == DEST)
        {
                map[by][bx] = BOXD;                       //箱子移动到前面的目的地上
                if(map[ * ypos][ * xpos] == MAN)          //人当前站在空地上
                        map[ * ypos][ * xpos] = ROAD;
                else                                      //人当前站在目标位置上
                        map[ * ypos][ * xpos] = DEST;
                //人移动到前面的空地上
                map[my][mx] = MAN;
                 * ypos = my;
                 * xpos = mx;
                ( * step)++;                              //移动步数加 1
                ( * score)++;                             //箱子从空地移动到目的地,得分加 1
        }
}
//case4:人前面是箱子且箱子位于目的地上
if(map[my][mx] == BOXD)
{
        //(1)箱子前面是空地,可移动
        if(map[by][bx] == ROAD)
        {
                map[by][bx] = BOX;                        //箱子移动到前面的空地上
                if(map[ * ypos][ * xpos] == MAN)          //人当前站在空地上
                        map[ * ypos][ * xpos] = ROAD;
                else                                      //人当前站在目标位置上
                        map[ * ypos][ * xpos] = DEST;
                //人移动到前面的目的地上
                map[my][mx] = MAND;
                 * ypos = my;
                 * xpos = mx;
                ( * step)++;                              //移动步数加 1
                ( * score) -- ;                           //箱子从目的地移动到空地,得分减 1
        }

        //(2)箱子前面是目的地,可移动
        if(map[by][bx] == DEST)
        {
```

```
            map[by][bx] = BOXD;                 //箱子移动到前面的目的地上
            if(map[ * ypos][ * xpos] == MAN)    //人当前站在空地上
                map[ * ypos][ * xpos] = ROAD;
            else                                //人当前站在目标位置上
                map[ * ypos][ * xpos] = DEST;
            //人移动到前面的目的地上
            map[my][mx] = MAND;
            * ypos = my;
            * xpos = mx;
            ( * step)++;                         //移动步数加 1
        }
    }
}
```

(10) 游戏运行函数定义。

```
void  PlayGame()
{
    int map[MAP_ROW][MAP_COL];
    int step = 0, score = 0;
    int dir, flag = 1;
    int ch, cl;
    int xpos, ypos;
    int boxNum;
    ChooseMap(map);                     //选择地图
    boxNum = CheckBoxNum(map);          //获取箱子个数
    DrawMap(map, step, score);          //绘制初始地图
    FindBoxmanPos(map, &xpos, &ypos);   //确定人初始位置
    while(flag)
    {
        dir = -1;
        //方向键的 ASCII 码由两个字符(ch,cl)组成,高位为 ch,低位为 cl
        ch = getch();
        if(ch == 113 || ch == 81)       //游戏中按'Q'或'q'键则直接退出游戏
            break;
        cl = getch();
        if(ch == 224)
        {
            switch(cl)
            {
                case 72:                    //向上移动 — 方向键↑,ASCII 码为(224,72)
                    dir = DIR_UP;
                    break;
                case 80:                    //向下移动 — 方向键↓,ASCII 码为(224,80)
                    dir = DIR_DOWN;
                    break;
                case 75:                    //向左移动 — 方向键←,ASCII 码为(224,75)
                    dir = DIR_LEFT;
                    break;
                case 77:                    //向右移动 — 方向键→,ASCII 码为(224,77)
                    dir = DIR_RIGHT;
                    break;
                default:
                    break;
            }
        }
```

```
        if(dir > 0)//移动
        {
            MoveStep(map, &xpos, &ypos, dir, &step, &score);   //移动处理
            DrawMap(map, step, score);                         //刷新地图
            if(score == boxNum)              //每移动一步的同时则检测游戏是否结束
            {
                printf("@@@@    You win!     @@@@\n");
                printf("@@@@@@@@@@@@@@@@@@@@@@@@\n");
                break;
            }
        }
    }
}
```

（11）帮助说明函数定义。

```
void  Help()
{
    printf(" ************************** \n");
    printf(" *         游戏操作说明          * \n");
    printf(" ************************** \n");
    printf(" *   ○ － 表示可通行道路      * \n");
    printf(" *   ● － 表示墙壁            * \n");
    printf(" *   □ － 表示目的地          * \n");
    printf(" *   ■ － 表示箱子            * \n");
    printf(" *   ♀ － 表示人              * \n");
    printf(" *   方向键↑ － 向上移动      * \n");
    printf(" *   方向键↓ － 向下移动      * \n");
    printf(" *   方向键← － 向左移动      * \n");
    printf(" *   方向键→ － 向右移动      * \n");
    printf(" ************************** \n");
}
```

（12）输出作者信息函数定义。

```
void  About()
{
    printf(" ************************** \n");
    printf(" *                          * \n");
    printf(" * 作者：龙建武             * \n");
    printf(" * 邮箱：jwlong@cqut.edu.cn  * \n");
    printf(" * 学院：计算机科学与工程学院 * \n");
    printf(" * 学校：重庆理工大学        * \n");
    printf(" *                          * \n");
    printf(" *      2024 年 3 月 23 日      * \n");
    printf(" ************************** \n");
}
```

2.7.5　系统测试

1. 人机界面

运行系统即可进入主界面，用户可通过输入数值 0～3 来操作系统，如图 2.29 所示。

2. 游戏地图选择界面

在主界面中输入 1 即可进入游戏地图选择界面,如图 2.30 所示,图中显示了 3 个不同等级的地图供用户选择。

图 2.29　推箱子游戏主界面

图 2.30　游戏地图选择界面

3. 游戏界面

用户在游戏地图选择界面选择地图后即可进入游戏界面,如图 2.31 所示。然后用户利用方向键↑、↓、←、→即可开始游戏。随着游戏的进行,游戏界面上实时显示用户移动步数和游戏得分,如图 2.32 所示。当用户把所有箱子移动到目标位置后,游戏结束,如图 2.33所示。

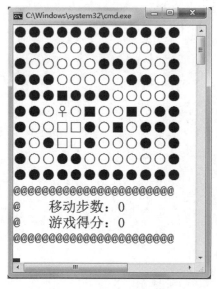

图 2.31　游戏初始界面

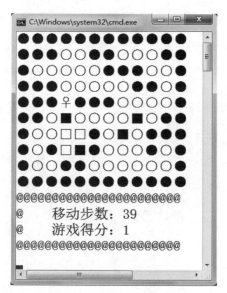

图 2.32　游戏过程界面

4. 操作说明

在主界面中输入 2 即可进入游戏操作说明界面,如图 2.34 所示。

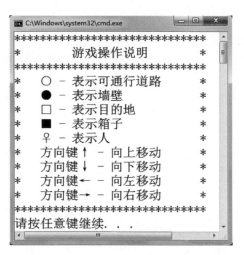

图 2.33　游戏结束界面　　　　　　　图 2.34　游戏操作说明界面

PART 3

第三部分

C语言综合测试

🔑 3.1 综合测试一

一、单项选择题(每小题 2 分,共 60 分)

1. 下列程序的输出结果是_____。

```
main()
{
 int k = 11;
 printf("k = % d,k = % o,k = % x\n",k,k,k);
}
```

  A. k=11,k=13,k=b   B. k=11,k=13,k=13

  C. k=11,k=013,k=0xb   D. k=11,k=12,k=11

2. 下列程序的输出结果是_____。

```
main()
{
 int i,j,x = 0;
 for(i = 0;i < 2;i++)
 {
  x++;
  for(j = 0;j < = 3;j++)
  {
    if(j % 2)    continue;
    x++;
  }
  x++;
 }
 printf("x = % d\n",x);
}
```

  A. x=4   B. x=6   C. x=8   D. x=12

3. 下列程序的输出结果是_____。

```
main()
{
 int i,t[][3] = {9,8,7,6,5,4,3,2,1};
 for(i = 0;i < 3;i++) printf(" % d ",t[2 - i][i]);
}
```

  A. 7 5 1   B. 3 5 7   C. 3 6 9   D. 7 5 3

4. 已知 ch 是字符型变量,下面不正确的赋值语句是_____。

  A. ch='a+b';   B. ch=5+9;   C. ch='7'+'9';   D. ch='\0';

5. 以下选项中不合法的标识符是_____。

  A. print   B. _00   C. &a   D. FOR

6. 下列叙述中正确的是_____。

  A. C 语言中既有逻辑类型也有集合类型

  B. C 语言中既没有逻辑类型也没有集合类型

C. C语言中有逻辑类型但没有集合类型

D. C语言中没有逻辑类型但有集合类型

7. 下列程序的输出结果是_____。

```
main()
{
 int x = 2,y = − 1,z = 2;
 if (x < y)
  if (y < 0)　z = 0;
  else　z += 1;
 printf ("%d\n",z);
}
```

  A. 3　　　　　　　　B. 2　　　　　　　　C. 0　　　　　　　　D. 1

8. 以下叙述中正确的是_____。

  A. C程序中注释部分可以出现在程序中任意合适的地方

  B. 花括号"{"和"}"只能作为函数体的定界符

  C. 分号是C语句之间的分隔符,不是语句的一部分

  D. 构成C程序的基本单位是函数,所有函数名都可以由用户命名

9. 以下函数定义形式正确的是_____。

  A. double fun(int x,int y)　　　　　B. double fun(int x,y);

  C. double fun(int x,int y);　　　　　D. double fun(int x;int y)

10. 设a、b和c都是int型变量,且a=3,b=4,c=5,则下面的表达式中,值为0的表达式是_____。

  A. 'a'&&'b'　　　　　　　　　　B. a<=b

  C. !((a<b)&&! c||1)　　　　　　D. a||+c&&b−c

11. 下列程序的输出结果是_____。

```
main()
{
 int a[][3] = {{1,2,3},{4,5,0}},(*pa)[3],i;
 pa = a;
 for(i = 0;i < 3;i++)
   if(i < 2)　pa[1][i] = pa[1][i] − 1;
   else　　　pa[1][i] = 1;
 printf("%d\n",a[0][1] + a[1][1] + a[1][2]);
}
```

  A. 无确定值　　　B. 6　　　　　　　C. 8　　　　　　　　D. 7

12. 若指针p已正确定义,要使p指向两个连续的整型动态存储单元,以下语句不正确的是_____。

  A. p=(int *)malloc(2 * sizeof(int))

  B. p=2 * (int *)malloc(sizeof(int));

  C. p=(int *)malloc(2 * 2)

  D. p=(int *)calloc(2,sizeof(int))

13. 下列程序的输出结果是_____。

```
# include < string. h >
main()
{
 char p[20] = {'a','b','c','d'},q[] = "abc",r[] = "abcde";
strcpy(p + strlen(q),r);strcat(p,q);
printf("% d% d\n",sizeof(p),strlen(p));
}
```

　　A. 20 9　　　　　B. 9 9　　　　　C. 11 11　　　　D. 20 11

14. 以下叙述中正确的是_____。

A. break 语句只能用在循环体内和 switch 语句体中

B. 在循环内使用 break 语句和 continue 语句的作用相同

C. continue 语句的作用是使程序的执行流程跳出包含它的所有循环

D. break 语句只能用于 switch 语句体中

15. 设有"int a=12;",则执行完语句"a+=a-=a*a;"后,a 的值是_____。

　　A. 144　　　　　B. 552　　　　　C. −264　　　　D. 264

16. 下列程序的输出结果是_____。

```
# include < stdio. h >
# define FUDGE(y)        2.84 + y
# define PR(a)           printf("% d",(int)(a))
# define PRINT1(a)       PR(a);putchar('\n')
main()
{
   int x = 2;
   PRINT1(FUDGE(5) * x);
}
```

　　A. 11　　　　　B. 15　　　　　C. 13　　　　　D. 12

17. 下列程序的输出结果是_____。

```
amovep(int * p,int ( * a)[3],int n)
{
 int i,j;
 for(i = 0;i < n;i++)
  for(j = 0;j < n;j++) { * p = a[i][j]; p++; }
}
main()
{
 int * p,a[3][3] = {{1,3,5},{2,4,6}};
 p = (int * )malloc(100);
 amovep(p,a,3);
 printf("% d% d\n",p[2],p[5]);free(p);
}
```

　　A. 34　　　　　B. 25　　　　　C. 56　　　　　D. 程序错误

18. 下列程序的输出结果是_____。

```
# include < stdio. h >
# include < string. h >
```

```
main()
{
    char s[20] = "abc", * p1 = s, * p2 = "ABC",str[50] = "xyz";
    strcpy(str + 2,strcat(p1,p2));
    printf(" % s\n",str);
}
```

    A. yzabcABC   B. zabcABC   C. xyzabcABC   D. xyabcABC

19. 下面描述正确的是_____。

    A. 字符串"STOP_"与"STOP"相等(_表示空格)

    B. 字符个数多的字符串比字符个数少的字符串大

    C. 两个字符串所包含的字符个数相同时,才能比较字符串

    D. 字符串"That"小于字符串"The"

20. 下列程序的输出结果是_____。

```
# include < stdio. h>
void  fun(char  * t, char  * s)
{
 while( * t!= 0)   t++;
 while(( * t++ = * s++)!= 0);
}
main()
{
  char   ss[10] = "acc",aa[10] = "bbxxyy";
  fun(ss,aa);printf(" % s, % s\n",ss,aa);
}
```

    A. accbbxxyy,bbxxyy   B. acc,bbxxyy

    C. accxxyy,bbxxyy   D. accxyy,bbxxyy

21.

```
main(int argc, char * argv[])
{
    while( -- argc > 0) printf(" % s",argv[argc]);
    printf("\n");
}
```

    假定以上程序经编译和连接后生成可执行文件 PROG. EXE,如果在此可执行文件所在目录的 DOS 提示符下输入 PROG ABCDEFGHIJKL ↙,则输出结果为_____。

    A. IJKLABCDEFGH   B. IJHL

    C. ABCDEFGHIJKL   D. ABCDEFG

22. 对于一个正常运行的 C 程序,以下叙述中正确的是_____。

    A. 程序执行总是从程序中的第一个函数开始,在程序的最后一个函数中结束

    B. 程序的执行总是从程序的第一个函数开始,在函数 main()结束

    C. 程序的执行总是从函数 main()开始,在程序的最后一个函数中结束

    D. 程序的执行总是从函数 main()开始,在函数 main()结束

23. 若 a、b、c1、c2、x、y 均是整型变量,正确的 switch 语句是_____。

①

```
switch(a + b);
{   case 1:y = a + b;break;
    case 0:y = a - b;break;
}
```

②

```
switch(a * a + b * b)
{   case 3:
    case 1:y = a + b;break;
    case 3:y = b - a;break;
}
```

③

```
switch a
{   case c1:y = a - b;break;
    case c2:x = a * b;break;
    default:x = a + b;
}
```

④

```
switch (a - b)
{   default:y = a * b;break;
    case 3:case 4:x = a + b;break;
    case 10:case 11:y = a - b;break;
}
```

    A. ③   B. ②   C. ①   D. ④

24. C 语言源程序中不能表示的数制是_____。

    A. 八进制   B. 十进制   C. 十六进制   D. 二进制

25. 下列程序的功能是输出以下形式的金字塔图案:

```
       *
      ***
     *****
    *******
```

```
main()
{
 int i,j;
 for(i = 1;i < = 4;i++)
 {
    for(j = 1;j < = 4 - i;j++) printf(" ");
    for(j = 1;j < = _____;j++) printf(" * ");
    printf("\n");
 }
}
```

在下画线处应填入的是_____。

    A. 2 * i—1   B. i   C. 2 * i+1   D. i+2

26. 以下 4 组用户定义标识符中，全部合法的一组是_____。

①	②	③	④
_main	If	txt	int
enclude	-max	REAL	k_2
sin	turbo	3COM	_001

    A. ②　　　　　　B. ①　　　　　　C. ③　　　　　　D. ④

27. 有如下程序：

```
#define  N   2
#define  M   N + 1
#define  NUM   2 * M + 1
main()
{   int i;
    for(i = 1;i <= NUM;i++)printf("% d\n",i);
}
```

该程序中的 for 循环执行的次数是_____。

    A. 8　　　　　　B. 6　　　　　　C. 7　　　　　　D. 5

28. 若有以下说明：

```
int a[12] = {1,2,3,4,5,6,7,8,9,10,11,12};
char c = 'a',d,g;
```

则值为 4 的表达式是_____。

    A. a[g-c]　　　　B. a[4]　　　　C. a['d'-c]　　　　D. a['d'-'c']

29. 设变量已正确定义并赋值，以下正确的表达式是_____。

    A. int(15.8%5)　　　　　　　　B. x=y*5=x+z

    C. x=y+z+5,++y　　　　　　　D. x=25%5.0

30. 以下定义语句正确的是_____。

    A. double y[][3]={0};

    B. float x[3][]={{1},{2},{3}};

    C. long b[2][3]={{1},(1,2),{1,2,3}};

    D. int a[1][4]={1,2,3,4,5};

二、填空题（每题 4 分，共 20 分）

1. 以下程序的输出结果是_____。

```
main()
{
  int a = 177;
  printf("% o\n",a);
}
```

2. 若有如下结构体说明：

```
struct STRU
{
 int a,b;char c: double d;
 struct STRU * p1, * p2;
};
```

请填空完成对 t 数组的定义，t 数组的每个元素为该结构体类型。

_____ t[20]

3. 以下程序的输出结果是_____。

```
main()
{
  unsigned short a = 65536;int b;
  printf("%d\n",b = a);
}
```

4. 若有定义语句"char s[100],d[100];int j=0,i=0;"且 s 中已赋字符串，请填空以实现字符串复制。（注意：不使用逗号表达式）

```
while(s[i]) { d[j] = _____; j++; }
d[j] = 0;
```

5. 设 y 为 int 型变量，描述"y 是奇数"的表达式为_____。

三、编程题(每题 10 分，共 20 分)

1. 在以下给定程序中，函数 fun() 的功能是在 x 数组中放入 n 个采样值，计算并输出差值。

$$s = \sum_{k=1}^{n} \frac{(x_k - x)^2}{n} \quad 其中 \quad x = \sum_{k=1}^{n} \frac{x_k}{n}$$

例如 n=8，输入 193.199、195.673、195.757、196.051、196.092、196.596、196.579、196.763 时，结果应为 1.135901。

请改正程序中的错误，使它能得出正确结果。

注意：不要改动函数 main()，不得增行或删行，也不得更改程序的结构。

```
#include <conio.h>
#include <stdio.h>
#include <stdlib.h>
float fun(float x[], int n)
{   int j;float xa = 0.0,s;
    for(j=0;j<n;j++)
      xa += x[j]/n;
    s = 0;
    for(j=0;j<n;j++)
/ ************* found ************* /
      s += (x[j]-xa) * (x[j]-xa)/n
    return s;
}
main()
{
 float x[100] = {193.199,195.673,195.757,196.051,196.092,196.596,196.579,196.763};
 system("cls");
 printf("%f\n",fun(x,8));
}
```

2. 以下给定程序的功能是将 n 个人的考试成绩进行分段统计，考试成绩保存在 a 数组中，各分段人数存到 b 数组中。成绩为 60 到 69 的人数存到 b[0]，成绩为 70 到 79 的人数存到 b[1]，成绩为 80 到 89 的人数存到 b[2]，成绩为 90 到 99 的人数存到 b[3]，成绩为 100 的人数存放到 b[4]，成绩为 60 分以下的人数存放到 b[5]。

例如，a 数组中的数据是 93、85、77、68、59、43、94、75、98，调用该函数后，b 数组中存放的数据是 1、2、1、3、0、2。

请在程序的下画线处填入正确的内容并把下画线删除，使程序得出正确的结果。注意：不要改动函数 main( )，不得增行或删行，也不得更改程序的结构。

```c
#include<stdio.h>
void fun(int a[ ], int b[ ], int n)
{
    int i;
    for(i = 0; i<6; i++) b[i] = 0;
/ ************** found ************** /
    for(i = 0; i<____【1】____; i++)
      if(a[i]<60) b[5]++;
/ ************** found ************** /
      ____【2】____ b[(a[i] - 60)/10]++;
}
main()
{   int i, a[100] = {93, 85, 77, 68, 59, 43, 94, 75, 98}, b[6];
    / ************** found ************** /
    fun(____【3】____, 9);
    printf("the result is: ");
    for(i = 0; i<6; i++) printf("%d ", b[i]);
    printf("\n");
}
```

🔑 3.2　综合测试二

一、单项选择题（每小题 2 分，共 60 分）

1. 以下程序的输出结果是_____。

```c
main()
{ union{  unsigned  int  n;
         unsigned  char  c;
       }ul;
  ul.c = 'A';
  printf("%c\n",ul.n);
}
```

    A. 65　　　　　　　B. 随机值　　　　　C. A　　　　　　　D. 产生语法错

2. 有程序段如下，以下说法正确的是_____。

```c
for(t = 1; t<= 100; t++)
{
  scanf("%d",&x);
  if(x<0) continue;
  printf("%3d",x);
}
```

    A. 当 x<0 时整个循环结束

    B. 函数 printf()永远也不执行

    C. x≥0 时什么也不输出

    D. 最多允许输出 100 个非负整数

3. 若有定义"int aa[8];",则以下表达式中不能代表数组元素 aa[1]的地址的是_____。

    A. aa+1   B. &aa[1]   C. aa[0]++   D. &aa[0]+1

4. 设 a、b、c、d、m、n 均为 int 型变量,且 a=5,b=6,c=7,d=8,m=2,n=2,则逻辑表达式(m=a>b)&&(n=c>d)运算后,n 的值为_____。

    A. 0   B. 3   C. 2   D. 1

5. 设变量已正确定义并赋值,以下表达式正确的是_____。

    A. x=y+z+5,++y   B. int(15.8%5)

    C. x=y*5=x+z   D. x=25%5.0

6. 以下程序的输出结果是_____。

```
main()
{
    int  k = 17;
    printf("%d, %o, %x\n",k,k,k);
}
```

    A. 17,17,17   B. 17,021,0x11   C. 17,0x11,021   D. 17,21,11

7. 阅读以下程序,程序执行后,如果从键盘输入 5,则输出结果是_____。

```
main()
{   int   x;
    scanf("%d",&x);
    if(x--<5)   printf("%d\n",x);
    else        printf("%d\n",x++);
}
```

    A. 6   B. 4   C. 5   D. 3

8. 下列程序的输出结果是_____。

```
#include< stdio.h>
int main()
{
int a = 100;
a >> 3;
printf("%d",a);
return 0;
}
```

    A. 12   B. 100   C. 800   D. 103

9. 以下函数声明中正确的是_____。

    A. void play(int a,b)

    B. void play(var a:Integer,var b:Integer)

    C. void play(int a,int b)

　　D.　Sub play(a as integer,b as integer)

10. 假设所有变量均为整型,则表达式(a＝2,b＝5,b++,a＋b)的值是_____。

　　A. 7　　　　　　　　B. 2　　　　　　　C. 6　　　　　　　D. 8

11. 以下程序的输出结果是_____。

```
main()
{   char s[] = "ABCD", * p;
    for(p = s + 1;p < s + 4;p++)printf(" % s\n",p);
}
```

　　A.　A　　　　　　　B.　ABCD　　　　　C.　B　　　　　　D.　BCD
　　　　B　　　　　　　　　BCD　　　　　　　C　　　　　　　　CD
　　　　C　　　　　　　　　CD　　　　　　　 D　　　　　　　　D
　　　　　　　　　　　　　　D

12. 设有以下定义和语句:

```
char  str[20] = "Program", * p;
p = str;
```

则以下叙述中正确的是_____。

　　A. str 与 p 的类型完全相同

　　B. ＊p 与 str[0]中的值相等

　　C. str 数组和 p 所指向的字符串长度相等

　　D. 数组 str 中存放的内容和指针变量 p 中存放的内容相同

13. 执行以下程序段后,＊(ptr＋5)的值为_____。

```
char str[] = "Hello";
char * ptr;
ptr = str;
```

　　A. 'o'的地址　　　B. '\0'　　　　C. 不确定　　　　D. 'o'

14. 以下程序的输出结果是_____。

```
main()
{   int k = 4,n = 0;
    for(; n < k;)
    {   n++;
        if(n % 3!= 0)  continue;
        k -- ; }
    printf(" % d, % d\n",k,n);
}
```

　　A. 4,4　　　　　　B. 2,2　　　　　　C. 3,3　　　　　　D. 1,1

15. 设有定义"float a＝2,b＝4,h＝3;",以下 C 语言表达式中与代数式 1/2(a＋b)h 计算结果不同的是_____。

　　A. h/2 ＊ (a＋b)　　　　　　　　　B. (1/2) ＊ (a＋b) ＊ h

　　C. (a＋b) ＊ h ＊ 1/2　　　　　　　D. (a＋b) ＊ h/2

16. 以下程序的输出结果是_____。

```
#define  f(x)  (x * x)
main()
{   int   i1,i2;
    i1 = f(8)/f(4);
    i2 = f(4 + 4)/f(2 + 2);
    printf(" % d, % d\n",i1,i2);
}
```

    A. 64,28   B. 4,4   C. 64,64   D. 4,3

17. 以下程序的输出结果是_____。

```
main()
{  int i,s = 0;
   for(i = 1;i < 10;i += 2) s += i + 1;
   printf(" % d\n",s);
}
```

    A. 自然数 1~10 的累加和

    B. 自然数 1~9 的累加和

    C. 自然数 1~9 中奇数之和

    D. 自然数 1~10 中偶数之和

18. 执行以下程序时,如果输入 ABC,则输出结果是_____。

```
# include "stdio. h"
# include "string. h"
main()
{   char   ss[10] = "12345";
    gets(ss); strcat(ss,"6789");
    printf(" % s\n",ss);
}
```

    A. ABC67   B. ABC6789
    C. 12345ABC6   D. ABC456789

19. 以下程序的输出结果是_____。

```
main()
{
  int a[3][3], * p,i;
  p = &a[0][0];
  for(i = 0;i < 9;i++) p[i] = i;
  for(i = 0;i < 3;i++) printf(" % d",a[1][i]);
}
```

    A. 345   B. 123   C. 234   D. 012

20. 以下程序的输出结果是_____。

```
main()
{   int   a = 1,b = 3,c = 5;
    int   * p1 = &a, * p2 = &b, * p = &c;
    * p = * p1 * ( * p2);
```

```
    printf("%d\n",c);
}
```

  A. 2   B. 1   C. 3   D. 4

21. 下列关于枚举类型名的定义正确的是_____。

  A. enum Level＝{A,B,C,D};

  B. enum Level＝{'A','B','C','D'};

  C. enum Level＝{"A","B","C","D"};

  D. enum Level＝{A,B＝9,C,D＝3};

22. 以下叙述正确的是_____。

  A. C语言可以不用编译就能被计算机识别执行

  B. C语言比其他语言高级

  C. C语言以接近英语国家的自然语言和数学语言作为语言的表达形式

  D. C语言出现的最晚,具有其他语言的一切优点

23. 执行以下程序,从第一列开始输入以下数据,↙代表一个回车符,输出结果是_____。

```
2473 ↙
main()
{   int c;
    while((c = getchar())!= '\n') {
        switch(c - '2') {
            case 0: case 1: putchar(c + 4);
            case 2:putchar(c + 4);break;
            case 3:putchar(c + 3);
            default:putchar(c + 2);break; }
    }
}
```

  A. 6688766   B. 668966   C. 66778777   D. 668977

24. 与十进制数200等值的十六进制数为_____。

  A. C8   B. A8   C. C4   D. A4

25. 以下程序的输出结果是_____。

```
main()
{   int x = 100, a = 10, b = 20, ok1 = 5, ok2 = 0;
    if(a < b)
        if(b!= 15)
            if(!ok1) x = 1;
            else if(ok2) x = 10;
    x = -1;
    printf("%d\n",x);
}
```

  A. -1   B. 0   C. 1   D. 不确定的值

26. 结构体类型变量 A、B 的定义如下,初始化后它们在内存中所占存储空间为_____字节。

```
struct example
{
char a;
int x;
double u;
}A,B;
```

    A. 7   B. 8   C. 13   D. 16

27. 阅读以下函数，此函数的功能是_____。

```
fun(char  * s1,char  * s2)
{   int  i = 0;
    while(s1[i] == s2[i]&&s2[i]!= '\0') i++;
    return(s1[i] == '\0'&&s2[i] == '\0');
}
```

    A. 比较 s1 和 s2 所指向字符串的大小，若 s1 比 s2 的大，则函数值为 1，否则函数
        值为 0

    B. 将 s2 所指向字符串赋给 s1

    C. 比较 s1 和 s2 所指向字符串是否相等，若相等，则函数值为 1，否则函数值为 0

    D. 比较 s1 和 s2 所指向字符串的长度，若 s1 比 s2 的长，则函数值为 1，否则函数值
        为 0

28. 以下程序的输出结果是_____。

```
main()
{  int  n[3][3],  i,  j;
   for(i = 0;i < 3;i++)
           for(j = 0;j < 3;j++)  n[i][j] = i + j;
   for(i = 0;i < 2;i++)
           for(j = 0;j < 2;j++)  n[i+1][j+1] += n[i][j];
   printf("% d\n",n[i][j]);
}
```

    A. 14   B. 0   C. 6   D. 值不确定

29. C 语言中运算对象必须是整型的运算符是_____。

    A. /   B. %   C. =   D. <=

30. 假定 int 型变量占用 2 字节，若有定义"int x[10]={0,2,4};"，则数组 x 在内存中
所占字节数是_____。

    A. 3   B. 6   C. 20   D. 10

二、填空题（每题 4 分，共 20 分）

1. 已有定义"int i, j; float x;"，要将 −10 赋给 i、12 赋给 j、410.34 赋给 x，则对应以下
scanf()函数调用语句的数据输入形式是_____。提示：<CR>代表回车，_代表空格。

```
scanf("% o % x % e",&i,&j,&x);
```

2. 若二维数组 a 有 m 列，则计算任意元素 a[i][j]在数组中位置的公式为_____，假
设 a[0][0]位于数组的第一个位置上。

3. 以下程序的输出结果是_____。

```
main()
{   int   x, a = 1,b = 2, c = 3, d = 4;
    x = (a < b)?a:b;    x = (x < c)? x:c;    x = (d > x)?x:d;
    printf("%d\n", x);
}
```

4. 执行下面程序段后,k 的值为_____。

```
k = 1;n = 263;
do{k * = n % 10; n/ = 10; } while(n);
```

5. 设 x、y、z 均为 int 型变量,描述"x 或 y 中至少有一个小于 z"的表达式为_____。

三、编程题(每题 10 分,共 20 分)

1. 在以下给定的程序中,函数 fun()的功能是将 n 个无序整数从小到大排序。请改正程序中的错误,使它能得出正确结果。注意:不要改动函数 main(),不得增行或删行,也不得更改程序的结构。

```
# include < conio. h >
# include < stdio. h >
# include < stdlib. h >
fun(int n, int * a)
{   int i,j,p,t;
    for(j = 0;j < n − 1;j++)
    {p = j;
/ * * * * * * * * * * * * found * * * * * * * * * * * * /
    for(i = j + 1;i < n − 1;i++)
      if(a[p] > a[i])
/ * * * * * * * * * * * found * * * * * * * * * * * /
          t = i;
      if(p!= j)
      {t = a[j];a[j] = a[p];a[p] = t;}
    }
}

putarr(int n, int * z)
{int i;
 for(i = 1;i < = n;i++,z++)
 {printf("%4d", * z);
  if(!(i % 10)) printf("\n");
 }
 printf("\n");
}

main()
{   int aa[20] = {9,3,0,4,1,2,5,6,8,10,7},n = 11;
    system("cls");
    printf("\n\nBefore sorting %d numbers:\n",n);putarr(n,aa);
    fun(n,aa);
    printf("\nAfter sorting %d numbers:\n",n);putarr(n,aa);
}
```

2. 以下程序的功能是计算 score 中 m 个人的平均成绩 aver,将低于 aver 的成绩放在 below 中,通过函数名返回人数。

例如,当 score={10,20,30,40,50,60,70,80,90},m=9 时,函数返回的人数应该是 4,

below＝{10,20,30,40}。

请在程序的下画线处填入正确的内容并把下画线删除，使程序得出正确的结果。注意：不要改动函数 main()，不得增行或删行，也不得更改程序的结构。

```c
# include < stdio. h >
# include < string. h >
int fun( int score[ ], int m, int below[ ])
{
    int i, j = 0;
    float aver = 0.0;
    for( i = 0; i < m; i++) aver += score[i];
    aver /= (float) m;
    for( i = 0; i < m; i++)
/ * * * * * * * * * * * * * * found * * * * * * * * * * * * * * /
        if( score[i] < aver) below[j++] = ____【1】____;
    return j;
}
main()
{   int i, n, below[9];
    int score[9] = {10, 20, 30, 40, 50, 60, 70, 80, 90};
/ * * * * * * * * * * * * * * found * * * * * * * * * * * * * * /
    n = fun(score, 9, ____【2】____);
    printf("\nBelow the average score are: ");
/ * * * * * * * * * * * * * * found * * * * * * * * * * * * * * /
    for( i = 0; i < n; i++) printf(" % d ", ____【3】____);
}
```

🔑 3.3　综合测试三

一、单项选择题（每小题 2 分，共 60 分）

1. 设 x、y 均为 int 型变量，且 x＝10，y＝3，则"printf("％d,％d\n", x--,--y);"语句的输出结果是_____。

  A. 9,2   B. 9,3   C. 10,3   D. 10,2

2. 以下程序中函数 reverse() 的功能是将 a 所指数组中的内容进行逆置，程序执行后的输出结果是_____。

```c
void reverse( int a[ ],int n)
{   int i,t;
    for( i = 0;i < n/2;i++)
        {t = a[i];a[i] = a[n - 1 - i];a[n - 1 - i] = t;}
}
main()
{int b[10] = {1,2,3,4,5,6,7,8,9,10}; int i,s = 0;
 reverse(b,8);
 for( i = 6;i < 10;i++) s += b[i];
 printf(" % d\n",s);
}
```

  A. 22   B. 30   C. 34   D. 10

3. 有两个字符数组 a 和 b,则以下输入语句正确的是_____。

  A. scanf("%s%s",&a,&b);   B. scanf("%s%s",a,b);

  C. gets(a,b);   D. gets("a"),gets("b")

4. 若有说明"int n=2,*p=&n,*q=p;",则以下赋值语句非法的是_____。

  A. p=n;   B. *p=*q; C. n=*q;   D. p=q;

5. 以下选项中不合法的标识符是_____。

  A. &a   B. FOR   C. print   D. _00

6. 以下定义语句中错误的是_____。

  A. char *a[3];   B. int a[]={1,2};

  C. char s[10]="test";   D. int n=5,a[n];

7. 以下程序的执行结果是_____。

```
main()
{  int k = 4,a = 3,b = 2,c = 1;
   printf("\n %d\n", k < a? k: c < b? c: a);
}
```

  A. 1   B. 3   C. 2   D. 4

8. 下列程序的输出结果是_____。

```
#include < stdio.h >
int main()
{ int i = 1,j = 2,k = 3;
  if(i++ == 1&&(++j == 3||k++ == 3))
      printf("%d %d %d\n",i,j,k);
  return 0;
}
```

  A. 1 2 3   B. 2 3 4   C. 2 2 3   D. 2 3 3

9. 以下函数定义形式正确的是_____。

  A. double fun(int x,int y);   B. double fun(int x;int y)

  C. double fun(int x,int y)   D. double fun(int x,y);

10. 假设所有变量均为整型,则表达式(a=2,b=5,b++,a+b)的值是_____。

  A. 7   B. 8   C. 2   D. 6

11. 设有以下函数:

```
f(int a)
{  int b = 0;
   static int c = 3;
   b++;c++;
   return(a + b + c);
 }
```

如果在以下程序中调用上述函数,则输出结果是_____。

```
main()
{  int a = 2, i;
   for(i = 0;i < 3;i++) printf("%d\n",f(a));
}
```

A. 7	B. 7	C. 7	D. 7
9	8	10	7
11	9	13	7

12. 设有定义"int n1＝0,n2,＊p＝&n2,＊q＝&n1;"，以下赋值语句中与语句"n2＝n1;"等价的是_____。

　　A. ＊p＝&n1;　　B. p＝q;　　C. ＊p＝＊q;　　D. p＝＊q;

13. 以下程序的输出结果是_____。

```
main()
{   char w[][10] = {"ABCD","EFGH","IJKL","MNOP"},k;
    for(k = 1;k < 3;k++) printf(" % s\n",w[k]);
}
```

A. ABCD	B. ABCD	C. EFG	D. EFGH
EFG	FGH	JK	IJKL
IJ	KL	O	
M			

14. 以下关于 C 语言函数的描述中正确的是_____。

　　A. C 语言中，调用函数时，只能把实参的值传送给形参，形参的值不能传送给实参

　　B. C 函数既可以嵌套定义又可以递归调用

　　C. 函数必须有返回值，否则不能使用函数

　　D. C 程序中有调用关系的所有函数必须放在同一个源程序文件中

15. 表达式 10!＝9 的值是_____。

　　A. 非零值　　B. true　　C. 0　　D. 1

16. 有以下程序，该程序中的 for 循环执行的次数是_____。

```
#define  N   2
#define  M   N + 1
#define  NUM   2 * M + 1
main()
{
    int  i;
    for(i = 1; i <= NUM; i++)
      printf(" % d\n",i);
}
```

　　A. 5　　B. 8　　C. 7　　D. 6

17. 设有语句"int b; char c[10];"，则正确的输入语句是_____。

　　A. scanf("％d％s",&b,&c);　　B. scanf("％d％s",&b,c);

　　C. scanf("％d％s",b,c);　　D. scanf("％d％s",b,&c);

18. 执行以下程序时，为变量 x 输入 10，程序的输出结果是_____。

```
int fun( int n)
{ if(n == 1) return 1;
  else
```

```
    return(n + fun(n - 1));
}
main()
{   int x;
    scanf(" % d",&x);x = fun(x);printf(" % d\n",x);
}
```

  A. 65   B. 54   C. 55   D. 45

19. 对以下说明语句的正确理解是_____。

```
int a[10] = {6,7,8,9,10};
```

  A. 将 5 个初值依次赋给 a[0]至 a[4]

  B. 将 5 个初值依次赋给 a[1]至 a[5]

  C. 将 5 个初值依次赋给 a[6]至 a[10]

  D. 因为数组长度与初值的个数不相同,所以此语句不正确

20. 以下程序的输出结果是_____。

```
point(char  * p){p += 3;}
main()
{   char b[4] = {'a','b','c','d'}, * p = b;
    point(p);
    printf(" % c\n", * p);
}
```

  A. c   B. b   C. a   D. d

21. 关于以下 for 循环的描述正确的是_____。

```
for(x = 0, y = 0; (y!= 123)&&(x < 4); x ++ );
```

  A. 是无限循环 B. 循环次数不定 C. 执行 4 次 D. 执行 3 次

22. 下列叙述错误的是_____。

  A. 一个 C 函数可以单独作为一个 C 程序文件存在

  B. C 程序可以由多个程序文件组成

  C. C 程序可以由一个或多个函数组成

  D. 一个 C 程序只能实现一种算法

23. 以下程序执行时,从键盘输入 01↙,则输出结果是_____。

```
main()
{   char k; int i;
    for(i = 1;i < 3;i++)
    {   scanf(" % c",&k);
        switch(k)
        {   case '0': printf("another\n");
            case '1': printf("number\n");
        }
    }
}
```

  A. another   B. another   C. another   D. number

   number   number   number   number

   another   number

24. 已知字母 A 的 ASCII 码为十进制数 65，且 c2 为字符型，则执行语句"c2＝'A'＋'6'－'3';"后，c2 中的值为_____。

  A. C   B. 不确定   C. D   D. 68

25. 以下程序的输出结果是_____。

```
main()
{  int x[] = {1,3,5,7,2,4,6,0},i,j,k;
   for(i = 0;i < 3;i++)
    for(j = 2;j >= i;j-- )
      if(x[j+1]>x[j]){ k = x[j];x[j] = x[j+1];x[j+1] = k;}
   for(i = 0;i < 3;i++)
     for(j = 4;j < 7-i;j++)
      if(x[j]>x[j+1]){ k = x[j];x[j] = x[j+1];x[j+1] = k;}
   for(i = 0;i < 8;i++) printf(" % d",x[i]);
   printf("\n");
}
```

  A. 01234567 B. 75310246 C. 76310462 D. 13570246

26. 可在 C 程序中用作用户标识符的一组标识符是_____。

  A. and   B. case   C. Hi   D. Date

   _2007   Bigl   Dr. Tom   y-m-d

27. 以下程序的输出结果是_____。

```
main()
{   int i, k, a[10], p[3];
    k = 5;
    for(i = 0;i < 10;i++) a[i] = i;
    for(i = 0;i < 3; i++) p[i] = a[i * (i + 1)];
    for(i = 0;i < 3; i++) k += p[i] * 2;
    printf(" % d\n",k);
}
```

  A. 21   B. 20   C. 22   D. 23

28. 设有语句"int a[3][4];"，则对 a 数组的元素的正确引用是_____。

  A. a[2][4]   B. a[1,3]   C. a[1+1][0] D. a(2)(1)

29. 在 C 语言中，合法的长整型常数是_____。

  A. 324562&   B. 4962710   C. OL   D. 216D

30. 以下程序段中，不能正确给字符串赋值（编译时系统会提示错误）的是_____。

  A. char s[10];strcpy(s,"abcdefg"); B. char t[]＝"abcdefg", * s＝t;

  C. char s[10];s＝"abcdefg";   D. char s[10]＝"abcdefg";

二、填空题（每题 4 分，共 20 分）

1. 设 x、y 和 z 都是 int 型变量，m 为 long 型变量，则在 16 位微型机上执行下面赋值语句后，y 值为_____，z 值为_____，m 值为_____。

```
y = (x = 32767, x − 1);
z = m = 0Xffff;
```

2. 若二维数组 a 有 m 列,则计算任意 a[i][j]在数组中位置的公式为_____,假设 a[1][1]位于数组的第一个位置上。

3. 若 a、b 和 c 均是 int 型变量,则计算下列表达式后,a 值为_____,b 值为_____,c 值为_____。

```
a = (b = 4) + (c = 2)
```

4. 执行以下程序,如果从键盘输入 1298,则输出结果为_____。

```
main()
{   int   n1,n2;
    scanf("%d",&n2);
    while(n2!= 0)
    {   n1 = n2 % 10;
        n2 = n2/10;
        printf("%d",n1);
    }
}
```

5. 有"int x,y,z;"且 x = 3,y = − 4,z = 5,则表达式 x++ − y + (++z) 的值为_____。

三、编程题(每题 10 分,共 20 分)

1. 在以下给定的程序中,函数 fun()的功能是求广义斐波那契数列的第 n 项。第 1,3,5,9,17,31,……项的值通过函数返回函数 main()。例如,若 n=15,则应输出 2209。

请改正函数 fun()中的语法错误,使其能计算出正确的结果。注意:不要改动函数 main(),不得增行或删行,也不得更改程序的结构。

```
# include <conio.h>
# include <stdio.h>
# include <stdlib.h>
long   fun(int   n)
{   long   a = 1, b = 1, c = 1, d = 1, k;
/*********** found ************/
    for(k = 4,k <= n,k++)
    {   d = a + b + c;
/*********** found ************/
        a = b,b = c,c = d
    }
    return   d;
}
main()
{   int n = 15;
    system("cls");
    printf("The value is: %ld\n",   fun (n));
}
```

2. 给定程序的功能是将在字符串 s 中出现而未在字符串 t 中出现的字符形成一个新的字符串放在 u 中,u 中字符按原字符串的字符顺序排列,不去掉重复字符。例如,当 s =

"112345",t="2467"时,u 中的字符串为"1135"。

请在程序的下画线处填入正确的内容并把下画线删除,使程序得出正确的结果。注意:不要改动函数 main(),不得增行或删行,也不得更改程序的结构。

```c
# include < stdio. h >
# include < string. h >
void fun(char * s,char * t, char * u)
{   int i, j, sl, tl;
    sl = strlen(s);    tl = strlen(t);
    for(i = 0; i < sl; i++)
    {   for(j = 0; j < tl; j++)
/ * * * * * * * * * * * * found * * * * * * * * * * * * /
        if(s[i] == t[j])     【1】     ;
        if(j >= tl)
/ * * * * * * * * * * * * found * * * * * * * * * * * * /
        * u++ =     【2】     ;
    }
/ * * * * * * * * * * * * found * * * * * * * * * * * * /
        【3】     = '\0';
}
main()
{   char s[100], t[100], u[100];
    printf("\nPlease enter string s:"); scanf("% s", s);
    printf("\nPlease enter string t:"); scanf("% s", t);
    fun(s, t, u);
    printf("the result is: % s\n", u);
}
```

🔑 3.4   综合测试四

一、单项选择题(每小题 2 分,共 60 分)

1. 以下程序的输出结果是_____。

```c
main()
{   char c = 'z';
    printf("% c",c - 25);
}
```

    A. z   B. a   C. z—25   D. y

2. 以下程序的输出结果是_____。

```c
# include "stdio. h"
main()
{   int i;
    for(i = 1;i <= 5; i++)
    {   if(i % 2)  printf("*");
            else     continue;
        printf("#");
    }
    printf("$ \n");
}
```

    A. ＊♯＊♯＊♯＄   B. ♯＊♯＊＄

    C. ＊♯＊♯＄   D. ♯＊♯＊♯＊＄

3. 若有说明"int a[10];",则对 a 数组元素的正确引用是_____。

    A. a[3.5]   B. a[10]   C. a(5)   D. a[10-10]

4. 已知 ch 是字符型变量,下面正确的赋值语句是_____。

    A. ch='123';   B. ch='\08';   C. ch='\xff';   D. ch='\'

5. 在 C 语言中,不正确的 int 类型的常数是_____。

    A. 037   B. 0   C. 32768   D. 0xAF

6. 以下选项中,合法的一组 C 语言数值常量是_____。

    A. .l77 4e1.5 0abc   B. 12.   0Xa23 4.5e0

    C. 028 .5e-3 -0xf   D. 0x8A 10,000 3.e5

7. 以下程序的输出结果是_____。

```
int * f(int  * x,int   * y)
{  if( * x< * y)
      return   x;
   else
      return   y;
}
main()
{   int a = 7,b = 8, * p, * q, * r;
    p = &a; q = &b;
    r = f(p,q);
    printf(" % d, % d, % d\n", * p, * q, * r);
}
```

    A. 7,8,7   B. 8,7,7   C. 8,7,8   D. 7,8,8

8. 以下程序的输出结果是_____。

```
# include < stdio. h>
int main()
{   int a = 2,c = 5;
    printf("a = % % d,b = % % d\n",a,c);
    return 0;
}
```

    A. a＝％2,b＝％5   B. a＝2,b＝5

    C. a＝％％d,b＝％％d   D. a＝％d,b＝％d

9. 下列叙述中正确的是_____。

    A. C 程序中所有函数之间都可以相互调用,与函数所在位置无关

    B. 在 C 程序中函数 main()的位置是固定的

    C. 每个 C 程序中都必须有一个函数 main()

    D. 在 C 程序的函数中不能定义另一个函数

10. 以下程序的执行结果是_____。

```
# include "stdio. h"
int main()
```

```
{
char s[] = {'a','b','\0','c','\0'};
printf("% s\n",s);
}
```

    A. 'a''b'   B. ab   C. ab c   D. 以上都不对

11. 执行语句"for(i=2;i++<5;);"后变量 i 的值是_____。

    A. 6   B. 5   C. 4   D. 不确定

12. 若有说明语句"double * p,a;"，则能通过 scanf 语句正确地给输入项读入数据的程序段是_____。

    A. * p=&a; scanf("%f",p);   B. * p=&a; scanf("%lf",p);

    C. p=&a; scanf("%lf", * p);   D. p=&a; scanf("%lf",p);

13. 设有定义"char p[]={'1','2','3'}, * q=p;"，以下不能计算出一个 char 型数据所占字节数的表达式是_____。

    A. sizeof(p[0])   B. sizeof(char)   C. sizeof(* q)   D. sizeof(p)

14. 以下程序的输出结果是_____。

```
main()
{   int k = 4,n = 0;
    for(; n<k;)
    {   n++;
       if(n%3!=0)  continue;
       k--; }
    printf("% d,% d\n",k,n);
}
```

    A. 4,4   B. 2,2   C. 3,3   D. 1,1

15. 设有语句"int a=3;"，则执行语句"a+=a-=a * a;"后，变量 a 的值是_____。

    A. -12   B. 0   C. 9   D. 3

16. 以下程序的输出结果是_____。

```
# define   f(x)   x * x
main()
{int a = 6,b = 2,c;
 c = f(a)/f(b);
 printf("% d\n",c);
}
```

    A. 9   B. 6   C. 18   D. 36

17. 以下程序的输出结果是_____。

```
f(int b[],int m,int n)
{   int  i,s = 0;
   for(i = m;i < n;i = i + 2)  s = s + b[i];
   return  s;
}
main()
{   int x,a[] = {1,2,3,4,5,6,7,8,9};
```

```
    x = f(a,3,7);
    printf(" % d\n",x);
}
```

  A. 18　　　　　　　B. 10　　　　　　C. 8　　　　　　D. 15

18. 以下程序的输出结果是＿＿＿＿＿＿。

```
# include < stdio. h>
# include < math. h>
main() {
    int a = 1,b = 4,c = 2;
    float x = 10.5,y = 4.0,z;
    z = (a + b)/c + sqrt((double)y) * 1.2/c + x;
    printf(" % f\n",z);
}
```

  A. 14.900000　　　B. 15.400000　　C. 13.700000　　D. 14.000000

19. 在 C 语言中,一维数组的定义方式为：类型说明符数组名 ＿＿＿＿＿＿。

  A. ［整型表达式］　　　　　　　　B. ［常量表达式］

  C. ［整型常量］或［整型表达式］　　D. ［整型常量］

20. 以下程序的输出结果是＿＿＿＿＿＿。

```
main()
{   char ch[ ] = "uvwxyz", * pc;
    pc = ch; printf(" % c\n", * (pc + 5));
}
```

  A. 元素 ch[5]的地址　　　　　B. z

  C. 字符 y 的地址　　　　　　　D. 0

21. 以下程序的输出结果是＿＿＿＿＿＿。

```
# include < stdio. h>
int main()
{   int i;
    for(i = 1;i < = 5;i++)
    {   if(i % 2) printf(" * ");
        else continue; printf(" # ");
    }
    printf(" $ \n");
    return 0;
}
```

  A. * # * # * # $　　　　　　　B. # * # * # * $

  C. * # * # $　　　　　　　　　D. # * # * $

22. C 语言源程序文件的扩展名是＿＿＿＿＿＿。

  A. .obj　　　　　B. .c　　　　　　C. .exe　　　　　D. .cp

23. 若 a、b、c1、c2、x、y 均是整型变量,则正确的 switch 语句是＿＿＿＿＿＿。

①

```
switch(a + b);
```

```
{   case 1:y = a + b;break;
    case 0:y = a − b;break;
}
```

②

```
switch(a * a + b * b)
{   case 3:
    case 1:y = a + b;break;
    case 3:y = b − a;break;
}
```

③

```
switch a
{   case c1:y = a − b;break;
    case c2:x = a * b;break;
    default:x = a + b;
}
```

④

```
switch (a − b)
{   default:y = a * b;break;
    case 3:case 4:x = a + b;break;
    case 10:case 11:y = a − b;break;
}
```

  A. ②   B. ①   C. ③   D. ④

24. 若 x、i、j 和 k 都是 int 型变量,则计算下面表达式后,x 的值是_____。

```
x = (i = 4,j = 16,k = 32)
```

  A. 52   B. 32   C. 4   D. 16

25. 以下程序的输出结果是_____。

```
main()
{   int i, k, a[10], p[3];
    k = 5;
    for(i = 0;i < 10;i++) a[i] = i;
    for(i = 0;i < 3;i++)   p[i] = a[i * (i + 1)];
    for(i = 0;i < 3;i++)   k += p[i] * 2;
    printf(" % d\n",k);
}
```

  A. 23   B. 21   C. 22   D. 20

26. 以下程序段的执行结果是_____。

```
int x = 23;
do { printf(" % 2d",x -- ); } while(!x);
```

  A. 打印出 321   B. 打印出 23
  C. 不打印任何内容   D. 陷入死循环

27. 下面程序段的执行结果是_____。

```
x = y = 0;
while(x < 15) y++,x += ++y;
printf(" % d, % d",y,x);
```

  A. 6,12　　　　B. 20,7　　　　C. 20,8　　　　D. 8,20

28. 以下程序的输出结果是_____。

```
main()
{ char p[] = {'a','b','c'},q[] = "abc";
  printf("% d   % d\n",sizeof(p),sizeof(q));
}
```

  A. 4 4　　　　B. 3 3　　　　C. 4 3　　　　D. 3 4

29. 在 C 语言中,合法的长整型常数是_____。

  A. 324562&　　B. 4962710　　　C. OL　　　D. 216D

30. 不能把字符串"Hello!"赋给数组 b 的语句是_____。

  A. char b[10]={'h','e','l','l','o','!'};

  B. char b[10]={'H','e','l','l','o','!','\0'};

  C. char b[10];strcpy(b,"Hello!");

  D. char b[10]="Hello!";

二、填空题(每题 **4** 分,共 **20** 分)

1. 设 a 和 b 均为 int 型变量,a = 0,b = 2,执行语句"b = a++;"后,a = _____,
b = _____。

2. 若有定义"int a[3][4]={{1,2},{0},{4,6,8,10}};",则初始化后,a[2][2]得到的
初值是_____,a[0][1]得到的初值是_____。

3. 表达式 pow(2.8,sqrt((double)x))的值的数据类型为_____。

4. 以下程序段的运行结果是_____。

```
i = 1; a = 0;s = 1;
do {a = a + s * i; s = - s; i++;} while (i <= 10);
printf ("a = % d",a);
```

5. 以下程序实现输出 x、y、z 三个数中的最大者,请在下画线处填入正确内容。

```
main()
{ int x = 4,y = 6,z = 7;
  int _____;
  if (_____)  u = x;
  else u = y;
  if (_____) v = u;
  else v = z;
  printf("v =  % d",v);
}
```

三、编程题(每题 10 分,共 20 分)

1. 在以下给定程序中,函数 fun()的功能是求整数 x 的 y 次方的低 3 位值。例如,整数 5 的 6 次方为 15625,它的低 3 位为 625。

请改正函数 fun()中指定位置的错误,使其得到正确的结果。注意:不要改动函数 main(),不得增行或删行,也不得更改程序的结构。

```c
# include < stdio. h >
long   fun(int   x, int   y, long   * p)
{   int   i;
    long   t = 1;
/ * * * * * * * * * * * * * * found * * * * * * * * * * * * * * /
    for(i = 1; i < y; i++)
        t = t * x;
     * p = t;
/ * * * * * * * * * * * * * * found * * * * * * * * * * * * * * /
    t = t/1000;
    return   t;
}
main()
{   long   t, r; int   x, y;
    printf("\nInput x and y: ");   scanf(" % ld % ld", &x, &y);
    t = fun(x, y, &r);
    printf("\n\nx = % d, y = % d, r = % ld, last = % ld\n\n", x, y, r, t);
}
```

2. 以下给定程序的功能是用冒泡法对 6 个字符串进行排序。

请在程序的下画线处填入正确的内容并把下画线删除,使程序得到正确的结果。注意:不要改动函数 main(),不得增行或删行,也不得更改程序的结构。

```c
# include < stdio. h >
# define MAXLINE 20
fun (char  * pstr[6])
{   int   i, j;
    char  * p;

    for(i = 0; i < 5; i++) {
        for(j = i + 1; j < 6; j++) {
/ * * * * * * * * * * * * * found * * * * * * * * * * * * * * /
            if(strcmp( * (pstr + i),_____【1】_____)> 0)
            {
                p = * (pstr + i);
/ * * * * * * * * * * * * * found * * * * * * * * * * * * * * /
                pstr[i] = _____【2】_____;
/ * * * * * * * * * * * * * found * * * * * * * * * * * * * * /
                 * (pstr + j) = _____【3】_____;
            }
        }
    }
}
main()
{   int   i;
    char  * pstr[6], str[6][MAXLINE];
    for(i = 0; i < 6; i++) pstr[i] = str[i];
    printf("\nEnter 6 string(1 string at each line): \n");
```

```
for(i = 0; i < 6; i++) scanf("%s", pstr[i]);
fun(pstr);
printf("The strings after sorting:\n");
for(i = 0; i < 6; i++) printf("%s\n", pstr[i]);
}
```

3.5 综合测试参考答案

综合测试一

一、单选题（每题 2 分，共 60 分）

1	2	3	4	5	6	7	8	9	10	11	12	13	14	15
A	C	B	A	C	B	B	A	A	C	D	B	D	A	C

16	17	18	19	20	21	22	23	24	25	26	27	28	29	30
D	C	D	D	A	C	D	D	D	A	B	B	C	C	A

二、填空题（每题 4 分，共 20 分）

1. 261

2. struct STRU

3. 0

4. s[i++]

5. (y%2)==1 或者 y%2!=0 或者 y%2==1 或者(y%2)!=0

三、编程题（每题 10 分，共 20 分）

1. 缺少一个";"，应为 s+=(x[j]−xa)*(x[j]−xa)/n;

2. 第一处：n

   第二处：else

   第三处：a,b

综合测试二

一、单选题（每题 2 分，共 60 分）

1	2	3	4	5	6	7	8	9	10	11	12	13	14	15
C	D	C	A	A	D	B	B	C	D	D	B	B	C	B

16	17	18	19	20	21	22	23	24	25	26	27	28	29	30
D	B	B	A	C	A	C	D	A	A	D	C	C	B	C

二、填空题（每题 4 分，共 20 分）

1. −12_c_4.1034e+02<CR>

2. i*m+j+1

3. 1

4. 36

5. x＜z ‖ y＜z

三、编程题（每题 10 分，共 20 分）

1. 第一处应为：for（i＝j＋1;i＜＝n−1;i++）

　　第二处应为：p＝i;

2. 第一处：score[i]

　　第二处：below

　　第三处：below[i]

综合测试三

一、单选题（每题 2 分，共 60 分）

1	2	3	4	5	6	7	8	9	10	11	12	13	14	15
D	A	B	A	A	D	A	D	C	B	B	C	D	A	D

16	17	18	19	20	21	22	23	24	25	26	27	28	28	30
D	A	C	A	C	C	D	C	C	B	A	A	B	C	C

二、填空题（每题 4 分，共 20 分）

1. 32766 65535 65535

2. i * m＋j＋1

3. 6 4 2

4. 8921

5. 13

三、编程题（每题 10 分，共 20 分）

1. 第一处应为：for（k＝4;k＜＝n;k++）

　　第二处应为：a＝b;b＝c;c＝d;

2. 第一处：break

　　第二处：s[i]

　　第三处：* u++

综合测试四

一、单选题（每题 2 分，共 60 分）

1	2	3	4	5	6	7	8	9	10	11	12	13	14	15
B	A	D	C	C	B	A	D	D	B	A	D	D	C	A

16	17	18	19	20	21	22	23	24	25	26	27	28	29	30
D	B	C	B	B	A	B	D	B	B	B	D	D	C	A

二、填空题(每题 4 分,共 20 分)

1. 2 0

2. 8 2

3. double 型

4. a＝－5

5. 第一处：u,v；第二处：x＞y；第三处：z＜u；

三、编程题(每题 10 分,共 20 分)

1. 第一处应为：for(i＝1；i＜＝y；i++)

   第二处应为：t＝t％1000；

2. 第一处：pstr[j]

   第二处：pstr[j]

   第三处：p

第四部分

全国计算机等级考试二级
C语言模拟测试及参考答案

4.1　全国计算机等级考试二级 C 语言模拟测试

4.1.1　模拟测试一

一、单项选择题（每小题 1 分，共 40 分）

1. 下列链表中，其逻辑结构属于非线性结构的是（　　）。

  A. 双向链表　　　　B. 带链的栈　　　　C. 二叉链表　　　　D. 循环链表

2. 设循环队列的存储空间为 Q(1：35)，初始状态为 front＝rear＝35。现经过一系列入队与出队运算后，front＝15，rear＝15，则循环队列中的元素个数为（　　）。

  A. 20　　　　　　B. 0 或 35　　　　C. 15　　　　　　D. 16

3. 下列关于栈的叙述中，正确的是（　　）。

  A. 栈底元素一定是最后入栈的元素

  B. 栈操作遵循先进后出的原则

  C. 栈顶元素一定是最先入栈的元素

  D. 以上三种说法都不对

4. 在关系数据库中，用来表示实体间联系的是（　　）。

  A. 网状结构　　　B. 树状结构　　　　C. 属性　　　　　D. 二维表

5. 公司中有多个部门和多名职员，每名职员只能属于一个部门，一个部门可以有多名职员，则部门和职员间的联系是（　　）。

  A. $1：m$ 联系　　B. $m：n$ 联系　　C. $1：1$ 联系　　D. $m：1$ 联系

6. 有两个关系 R 和 S 如下：

R		
A	B	C
a	1	2
b	2	1
c	3	1

S		
A	B	C
c	3	1

则由关系 R 得到关系 S 的操作是（　　）。

  A. 自然连接　　　B. 并　　　　　　C. 选择　　　　　D. 投影

7. 数据字典（DD）所定义的对象都包含于（　　）。

  A. 软件结构图　　　　　　　　　　B. 方框图

  C. 数据流图（DFD）　　　　　　　　D. 程序流程图

8. 软件需求规格说明书的作用不包括（　　）。

  A. 软件设计的依据

  B. 软件可行性研究的依据

  C. 软件验收的依据

  D. 用户与开发人员对软件要做什么的共同理解

9. 下面属于黑盒测试方法的是(　　)。

　　A. 边界值分析　　　B. 路径覆盖　　　C. 语句覆盖　　　D. 逻辑覆盖

10. 下面不属于软件设计阶段任务的是(　　)。

　　A. 制订软件确认测试计划　　　　B. 数据库设计

　　C. 软件总体设计　　　　　　　　D. 算法设计

11. 以下叙述中正确的是(　　)。

　　A. 在 C 语言程序中,函数 main()必须放在其他函数的最前面

　　B. 每个扩展名为 c 的 C 语言源程序都可以单独进行编译

　　C. 在 C 语言程序中,只有函数 main()才可单独进行编译

　　D. 每个扩展名为.c 的 C 语言源程序都应该包含一个函数 main()

12. C 语言中的标识符分为关键字、预定义标识符和用户标识符,以下叙述正确的是(　　)。

　　A. 预定义标识符(如库函数中的函数名)可用作用户标识符,但失去原有含义

　　B. 用户标识符可以由字母和数字任意顺序组成

　　C. 在标识符中大写字母和小写字母被认为是相同的字符

　　D. 关键字可用作用户标识符,但失去原有含义

13. 以下选项中表示一个合法的常量是(说明:符号□表示空格)(　　)。

　　A. 9□9□9　　　B. 0Xab　　　C. 123E0.2　　　D. 2.7e

14. C 语言主要借助以下(　　)功能来实现程序模块化。

　　A. 定义函数　　　　　　　　　　B. 定义常量和外部变量

　　C. 三种基本结构语句　　　　　　D. 丰富的数据类型

15. 以下叙述中错误的是(　　)。

　　A. 非零的数值型常量有正值和负值的区分

　　B. 常量是在程序运行过程中值不能被改变的量

　　C. 定义符号常量必须用类型名来设定常量的类型

　　D. 用符号名表示的常量称为符号常量

16. 若有定义和语句“int a,b; scanf("%d,%d",&a,&b);”,以下输入数据的选项中,不能把值 3 赋给变量 a、5 赋给变量 b 的是(　　)。

　　A. 3,5,　　　B. 3,5,4　　　C. 3;5　　　D. 3,5

17. C 语言中 char 类型数据占字节数为(　　)。

　　A. 3　　　　B. 4　　　　C. 1　　　　D. 2

18. 下列关系表达式中,结果为“假”的是(　　)。

　　A. (3+4)>6　　　B. (3!=4)>2　　　C. 3<=4‖3　　　D. (3<4)=1

19. 若以下选项中的变量全部为整型变量,且已正确定义并赋值,则语法正确的 switch 语句是(　　)。

　　A. switch(a+9)　　　　　　　　B. switch a*b

　　　　{ case c1: y=a-b;　　　　　　　{ case 10: x=a+b;

　　　　　case c2: y=a+b; }　　　　　　default: y=a-b; }

C. switch(a＋b)　　　　　　　　　　D. switch(a＊a＋b＊b)
　　{ case1：case3：y＝a＋b；break；　　　{ default：break；
　　case0：case4：y＝a－b；}　　　　　　case 3：y＝a＋b；break；
　　　　　　　　　　　　　　　　　　　　case 2：y＝a－b；break；}

20. 有以下程序：

```
#include<stdio.h>
main()
{
 int a= -2,b=0;
 while(a++&&++b);
 printf("%d,%d\n",a,b);
}
```

程序运行后的输出结果是(　　　)。

A. 1,3　　　　　　B. 0,2　　　　　　C. 0,3　　　　　　D. 1,2

21. 设有定义"int x＝0,＊p;",立刻执行以下语句,正确的语句是(　　　)。

A. p＝x；　　　　B. ＊p＝x；　　　　C. p＝NULL；　　D. ＊p＝NULL；

22. 下列叙述中正确的是(　　　)。

A. 可以用关系运算符比较字符串的大小
B. 空字符串不占用内存,其内存空间大小是 0
C. 两个连续的单引号是合法的字符常量
D. 两个连续的双引号是合法的字符串常量

23. 有以下程序：

```
#include<stdio.h>
main()
{
 char a='H';
 a=(a>='A'&&a<='2')?(a-'A'+'a'):a;
 printf("%c\n",a);
}
```

程序运行后的输出结果是(　　　)。

A. A　　　　　　B. a　　　　　　C. H　　　　　　D. h

24. 有以下程序：

```
#include<stdio.h>
int f(int x);
main()
{
 int a,b=0;
 for(a=0;a<3;a++)
 {
   b=b+f(a);
   putchar('A'+b);
  }
}
 int f(int x)
```

```
{
  return x * x + l;
}
```

程序运行后的输出结果是(　　)。

    A. ABE   B. BDI   C. BCF   D. BCD

25. 设有定义"int x[2][3];",则以下关于二维数组 x 的叙述错误的是(　　)。

    A. x[0]可被看作由 3 个整型元素组成的一维数组

    B. x[0]和 x[1]是数组名,分别代表不同的地址常量

    C. 数组 x 包含 6 个元素

    D. 可以用语句"x[0]=0;"为数组所有元素赋初值 0

26. 设变量 p 是指针变量,语句"p=NULL;"是给指针变量赋 NULL 值,它等价于(　　)。

    A. p="";   B. p="0";   C. p=0;   D. p=";

27. 有以下程序:

```
#include<stdio.h>
main()
{
  int a[ ]={10,20,30,40},*p=a,j;
  for(i=0; i<=3; i++){ a[i]=*p; p++; }
  printf("%d\n",a[2]);
}
```

程序运行后的输出结果是(　　)。

    A. 30   B. 40   C. 10   D. 20

28. 有以下程序:

```
#include<stdio.h>
#define N 3
void fun(int a[][N],int b[])
{
  int i,j;
  for(i=0;i<N;i++)
  {
    b[i]=a[i][0];
    for(j=0;j<N;j++)
      if(b[i]<a[i][j])  b[i]=a[i][j];
  }
}
main()
{
  int x[N][N]={1,2,3,4,5,6,7,8,9},y[N],i;
  fun(x,y);
  for(i=0;i<N; i++)
    printf("y[i],");
  printf("\n");
}
```

程序运行后的输出结果是(　　)。

    A. 2,4,8,   B. 3,6,9,   C. 3,5,7,   D. 1,3,5,

29. 有以下程序(strcpy()为字符串复制函数,strcat()为字符串连接函数):

```c
#include<stdio.h>
#include<string.h>
main()
{
 char a[10]="abc",b[10]="012",c[10]="xyz";
 strcpy(a+1,b+2);
 puts(strcat(a,c+1));
}
```

程序运行后的输出结果是(　　)。

      A. al2xyz　　　　　B. 12yz　　　　　C. a2yz　　　　　D. bc2yz

30. 以下选项中合法的是(　　)。

      A. char str3[]={'d','e','b','u','g','\0'};

      B. char str4;str4="hello world";

      C. char name[10];name="China";

      D. char strl[5]="pass",str2[6]; str2=strl;

31. 有以下程序:

```c
#include<stdio.h>
main()
{
 char * s="[2]34";
 int k=0,a=0;
 while(s[k+1]!='\0')
 {
  k++;
  if(k%2==0){a=a+(s[k]-'0'+1); continue;
 }
a=a+(s[k]-'0');
printf("k=%d a=%d\n",k,a);
}
```

程序运行后的输出结果是(　　)。

      A. k=6 a=11　　　B. k=3 a=14　　　C. k=4 a=12　　　D. k=5 a=15

32. 有以下程序:

```c
#include<stdio.h>
main()
{
 char a[5][10]={"one","two","three","four","five"};
 int i,j;
 char t:、
 for(i=0;i<4;i++)
  for(j=i+1;j<5;j++)
   if(a[i][0]>a[j][0])
   {t=a[i][0];a[i][0]=a[j][0];a[j][0]=t;}
 puts(a[1]);
}
```

程序运行后的输出结果是(　　)。

      A. fwo　　　　　　B. fix　　　　　　C. two　　　　　　D. owo

33. 有以下程序：

```
#include <stdio.h>
int a = 1,b = 2:
void fun1(int a, int b)
{ printf("%d %d",a,b);  }
void fun2()
{  a = 3; b = 4;  }
main()
{
 fun1(5,6);  fun2();
 printf("%d %d\n",a,b);
}
```

程序运行后的输出结果是（　　）。

  A. 1 2 5 6 B. 5 6 3 4 C. 5 6 1 2 D. 3 4 5 6

34. 有以下程序：

```
#include <stdio.h>
void func(int n)
{
 static int num = 1;
 num = num + n;printf("%d",num);
}
main()
{
 func(3); func(4); printf("n");
}
```

程序运行后的输出结果是（　　）。

  A. 4 8 B. 3 4 C. 3 5 D. 4 5

35. 有以下程序：

```
#include <stdio.h>
#include <stdlib.h>
void fun(int * pl, int * p2, int * s)
{
 s = (int * )malloc(sizeof(int));
 * s = * pl + * p2;
 free(s);
}
main()
{
 int a = 1,b = 40, * q = &a;
 fun(&a,&b,q);
 printf("%d\n", * q);
}
```

程序运行后的输出结果是（　　）。

  A. 42 B. 0 C. 1 D. 41

36. 有以下程序：

```
#include <stdio.h>
struct STU{char name[9];char sex;int score[2];};
void f(struct STU a[])
```

```
{
 struct STU b = {"Zhao",'m',85,90);
 a[1] = b;
}
main()
{
 struct STU c[2] = {{"Qian",'f',95,92},{"Sun",'m' 98,99}};
 f(c);
 printf("%s,%c,%d,%d,",c[o].name,c[o].sex,c[o].score[o],c[o].score[1]);
 printf("%s,%c,%d,%d\n",c[1].name,c[1].sex,c[1].score[o],c[1].score[1]);
}
```

程序运行后的输出结果是(　　　)。

   A. Zhao,m,85,90,Sun,m,98,99

   B. Zhao,m,85,90,Qian,f,95,92

   C. Qian,f,95,92,Sun,m,98,99

   D. Qian,f,95,92,Zhao,m,85,90

37. 以下叙述中错误的是(　　　)。

   A. 可以用 typedef 说明的新类型名来定义变量

   B. typedef 说明的新类型名必须使用大写字母,否则会出编译错误

   C. 用 typedef 可以为基本数据类型说明一个新名称

   D. 用 typedef 说明新类型的作用是用一个新的标识符来代表已存在的类型名

38. 以下叙述中错误的是(　　　)。

   A. 函数的返回值类型不能是结构体类型,只能是简单类型

   B. 函数可以返回指向结构体变量的指针

   C. 可以通过指向结构体变量的指针访问所指结构体变量的任何成员

   D. 只要类型相同,结构体变量之间可以整体赋值

39. 若有定义语句"int b=2;",则表达式$(b<<2)/(3 \| b)$的值是(　　　)。

   A. 4   B. 8   C. 0   D. 2

40. 有以下程序:

```
#include<stdio.h>
main()
{
 FILE * fp; int i,a[6] = {1,2,3,4,5,6};
 fp = fopen("d2.dat","w+");
 for(i = 0; i < 6; i++)
  fprintf(fp,"%d\n",a[i]);
 rewind(fp);
 for(i = 0; i < 6; i++)
  fscanf(fp,"%d",&a[5 - i]);
 fclose(fp);
 for(i = 0; i < 6; i++)printf("%d,",a[i]);
}
```

程序运行后的输出结果是(　　　)。

   A. 4,5,6,1,2,3,   B. 1,2,3,3,2,1,

   C. 1,2,3,4,5,6,   D. 6,5,4,3,2,1,

二、程序填空题(共 18 分)

给定程序中,函数 fun()的功能是求出形参 ss 所指字符串数组中最长字符串的长度,其余字符串左边用字符 * 补齐,使其与最长的字符串等长。字符串数组中共有 M 个字符串,且串长<N。请在程序的下画线处填入正确的内容并把下画线删除,使程序得出正确的结果。

注意:源程序存放在考生文件夹下的 BLANK1. c 中。不得增行或删行,也不得更改程序的结构。

【给定源程序】

```
#include<stdio.h>
#include<string.h>
#define M 5
#define N 20
void fun(char ( * ss)[N])
{
    int i, j, k = 0, n, m, len;
    for(i = 0; i < M;i++)
    {
        len = strlen(ss[i]);
        if(i == 0)
          n = len;
        if(len > n)
        {
            n = len;
            【1】 = i;
        }
    }
    for(i = 0; i < M;i++)
        if(i!= k)
        {
            m = n;
            len = strlen(ss[i]);
            for(j =  【2】  ; j >= 0; j -- )
              ss[i][m -- ] = ss[i][j];
            for(j = 0; j < n - len;j++)
                【3】  = ' * ';
        }
}
main()
{
 char ss[M][N] = {"shanghai","guangzhou","beijing","tianjin","chongqing"};
 int i;
 printf("\nThe original strings are :\n");
 for(i = 0; i < M;i++)
   printf(" % s\N",ss[i]);
 printf("\n");
 fun(ss);
 printf("\nThe result:\n");
 for(i = 0; i < M;i++)
   printf(" % s\N",ss[i]);
}
```

三、程序修改题(共 18 分)

给定程序 MODI1. c 中函数 fun()的功能是计算整数 n 的阶乘。请改正程序中的错误或在下画线处填上适当的内容并把下画线删除,使它能计算出正确的结果。

注意:不要改动函数 main(),不得增行或删行,也不得更改程序的结构。

【给定源程序】

```
# include < stdio. h>
double fun(int n)
{
  double result = 1.0;
  while(n > 1 && n < 170)
/ ********************* found ********************* /
    result * = -- n;
/ ********************* found ***************** /
  return _____;
}
main()
{
  int n;
  printf("Enter an integer: ");
  scanf("% d",&n);
  printf("\n\n% d!= % lg\n\n",n,fun(n));
}
```

四、程序设计题(共 24 分)

编写函数 fun(),该函数的功能是从 s 所指的字符串中删除给定的字符。同一字母的大、小写按不同字符处理。

若程序执行时输入字符串"turbo c and borland c++",从键盘输入字符 n,则输出变为"turbo c ad borlad c++";如果输入的字符在字符串中不存在,则字符串按原样输出。

注意:部分源程序在文件 PROG1. c 中。

请勿改动主函数 main()和其他函数中的任何内容,仅在函数 fun()的花括号中填入你编写的若干语句。

【给定源程序】

```
# include < stdio. h>
# include < string. h>
int fun(char s[],char c)
{




}
main()
{
 static char str[] = "turbo c and borland c++";
 char ch;
 printf("原始字符串:% s\n", str);
 printf("输入一个字符:");
 scanf("% c",&ch);
 fun(str,ch);
 printf("str[] = % s\n",str);
}
```

4.1.2　模拟测试二

一、单项选择题(每小题 1 分,共 40 分)

1. 冒泡排序在最坏情况下的比较次数是(　　　)。

　　A. n(n+1)/2　　　　B. nlog2n　　　　　C. n(n−1)/2　　　　D. n/2

2. 下列叙述中正确的是(　　　)。

　　A. 有一个以上根结点的数据结构不一定是非线性结构

　　B. 只有一个根结点的数据结构不一定是线性结构

　　C. 循环链表是非线性结构

　　D. 双向链表是非线性结构

3. 某二叉树共有 7 个结点,其中叶子结点只有 1 个,则该二叉树的深度为(假设根结点在第 1 层)(　　　)。

　　A. 3　　　　　　　B. 4　　　　　　　　C. 6　　　　　　　　D. 7

4. 在软件开发中,需求分析阶段产生的主要文档是(　　　)。

　　A. 软件集成测试计划　　　　　　　B. 软件详细设计说明书

　　C. 用户手册　　　　　　　　　　　D. 软件需求规格说明书

5. 结构化程序所要求的基本结构不包括(　　　)。

　　A. 顺序结构　　　　　　　　　　　B. GOTO 跳转

　　C. 选择(分支)结构　　　　　　　　D. 重复(循环)结构

6. 下面描述中错误的是(　　　)。

　　A. 系统总体结构图支持软件系统的详细设计

　　B. 软件设计是将软件需求转换为软件表示的过程

　　C. 数据结构与数据库设计是软件设计的任务之一

　　D. PAD 图是软件详细设计的表示工具

7. 负责数据库中查询操作的数据库语言是(　　　)。

　　A. 数据定义语言　　　　　　　　　B. 数据管理语言

　　C. 数据操纵语言　　　　　　　　　D. 数据控制语言

8. 一位教师可讲授多门课程,一门课程可由多位教师讲授。则实体教师和课程间的联系是(　　　)。

　　A. 1:1 联系　　　B. 1:m 联系　　　C. m:1 联系　　　　D. m:n 联系

9. 有三个关系 R、S 和 T 如下:

R		
A	B	C
a	1	2
b	2	1
c	3	1

S	
A	B
c	3

T
C
1

由关系 R 和 S 得到关系 T 的操作是(　　　)。

　　A. 自然连接　　　　B. 交　　　　　　C. 除　　　　　　D. 并

10. 定义无符号整数类为 UInt,下面可以作为类 UInt 实例化值的是(　　)。

    A. −369
                 B. 369

    C. 0.369
                 D. 整数集合{1,2,3,4,5}

11. 计算机高级语言程序的运行方法有编译执行和解释执行两种,以下叙述中正确的是(　　)。

    A. C 语言程序仅可以编译执行

    B. C 语言程序仅可以解释执行

    C. C 语言程序既可以编译执行又可以解释执行

    D. 以上说法都不对

12. 以下叙述中错误的是(　　)。

    A. C 语言的可执行程序是由一系列机器指令构成的

    B. 用 C 语言编写的源程序不能直接在计算机上运行

    C. 通过编译得到的二进制目标程序需要连接才可以运行

    D. 在没有安装 C 语言集成开发环境的机器上不能运行 C 源程序生成的 .exe 文件

13. 以下选项中不能用作 C 程序合法常量的是(　　)。

    A. 1,234
    B. '\123'
    C. 123
    D. "\x7G"

14. 以下选项中可用作 C 程序合法实数的是(　　)。

    A. 0.1e0
    B. 3.0e0.2
    C. E9
    D. 9.12E

15. 若有定义语句"int a=3,b=2,c=1;",以下选项中错误的赋值表达式是(　　)。

    A. a=(b=4)=3;
                 B. a=b=c+1;

    C. a=(b=4)+c;
               D. a=1+(b=−4);

16. 有以下程序段:

```
char name[20];   int num;
scanf("name = % s num = % d",name,&num);
```

执行上述程序段,并从键盘输入 name=Lili mum=1001 <回车>后,name 的值为(　　)。

    A. Lili
                 B. name=Lili

    C. Lili num=
             D. name=Lili num=1001

17. if 语句基本形式是:if(表达式)语句,以下关于"表达式"值的叙述中正确的是(　　)。

    A. 必须是逻辑值
               B. 必须是整数值

    C. 必须是正数
               D. 可以是任意合法的数值

18. 有以下程序:

```
# include< stdio.h>
main()
{
 int x = 011;
 printf(" % d\n",++x);
}
```

程序运行后的输出结果是(　　)。

    A. 12
    B. 11
    C. 10
    D. 9

19. 有以下程序:

```
# include < stdio. h >
main()
{
 int s;
 scanf(" % d",&s);
 while(s > 0)
 {
 switch(s)
 {
  case 1: printf(" % d",s + 5);
  case 2: printf(" % d",s + 4); break;
  case 3: printf(" % d",s + 3);
  default: (" % d",s + 1);break;
 }
 scanf(" % d",&s);
 }
}
```

运行时,若输入 1 2 3 4 5 0 <回车>,则输出结果是(　　　)。

  A. 6566456 B. 66656   C. 66666   D. 6666656

20. 有以下程序:

```
# include < stdio. h >
main()
{
 int s = 0,n;
 for(n = 0; n < 3; n++)
 {
  switch(s)
  {
   case 0;
   case 1: s += 1;
   case 2: s += 2; break;
   case 3: s += 3;
   default: s += 4;
  }
  printf(" % d,"s);
 }
}
```

程序运行后的输出结果是(　　　)。

  A. 1,2,4,   B. 1,3,6,   C. 3,10,14, D. 3,6,10,

21. 有以下程序:

```
# include < stdio. h >
main()
{
 char s[ ] = "012xy\08s34f4w2";
 int i,n = 0;
 for(i = 0;s[i]!= 0;i++)
   if(s[i]> = '0'&&s[i]< = '9')  n++;
 printf(" % d\n",n);
}
```

程序运行后的输出结果是(　　)。

　　　　A. 0　　　　　　　　B. 3　　　　　　　　C. 7　　　　　　　　D. 8

　　22. 若 i 和 k 都是 int 类型变量,有 for 语句"for(i＝0,k＝－1;k＝1;k＋＋)
printf(" ***** \n");",下面关于语句执行情况的叙述中正确的是(　　)。

　　　　A. 循环体执行两次　　　　　　　　B. 循环体执行一次

　　　　C. 循环体一次也不执行　　　　　　D. 构成无限循环

　　23. 有以下程序:

```
# include< stdio. h>
main()
{
 char b,C;int i;
 b = 'a';c = 'A';
 for(i = 0;i < 6;i++)
 {
   if(i % 2)  putchar(i + b);
   else  putchar(i + c);
 }
 printf("\n");
 }
```

程序运行后的输出结果是(　　)。

　　　　A. ABCDEF　　　　B. AbCdEf　　　　C. aBcDeF　　　　D. abcdef

　　24. 设有定义"double x[10], * p＝x;",以下能给数组 x 下标为 6 的元素读入数据的正
确语句是(　　)。

　　　　A. scanf("%f",& x[6]);　　　　　　B. scanf("%if", * (x＋6));

　　　　C. scanf("%if",p＋6);　　　　　　D. scanf("%if",p[6]);

　　25. 有以下程序(说明:字母 A 的 ASCII 码值是 65):

```
# include< stdio. h>
void fun(char * s)
{
 while( * s)
 {
  if( * s % 2) printf(" % c", * s);
  s++;
  }
 }
main()
{
 char a[ ] = "BYTE";
 fun(a);printf("\n");
}
```

程序运行后的输出结果是(　　)。

　　　　A. BY　　　　　　　B. BT　　　　　　　C. YT　　　　　　　D. YE

　　26. 有以下程序段:

```
# include< stdio. h>
main()
```

```
{
  while(getchar()!= '\n');
}
```

以下叙述中正确的是(　　)。

    A. 此 while 语句将无限循环

    B. getchar()不可以出现在 while 语句的条件表达式中

    C. 当执行此 while 语句时,只有按回车键程序才能继续执行

    D. 当执行此 while 语句时,除按回车键以外的任意键程序就能继续执行

27. 有以下程序:

```
# include< stdio.h>
main()
{
  int x = 1,y = 0;
  if(!x)  y++;
  else if(x == 0)
      if(x)  y += 2;
      else y += 3;
  printf(" % d\n", y);
}
```

程序运行后的输出结果是(　　)。

    A. 3　　　　　　　B. 2　　　　　　　C. 1　　　　　　　D. 0

28. 若有定义语句"char s[3][10],(* k)[3], * p;",则以下赋值语句正确的是(　　)。

    A. p=s;　　　　B. p=k;　　　　C. p=s[0];　　　D. k=s;

29. 有以下程序:

```
# include< stdio.h>
void fun(char * c)
{
  while( * c)
  {
    if( * c >= 'a'&& * c <= 'z')   * c = * c - ('a' - 'A');
    c++;
  }
}
main()
{
  char s[81];
  gets(s); fun(s); puts(s);
}
```

当执行程序时从键盘输入 Hello Beijing <回车>,则程序的输出结果是(　　)。

    A. hello beijing　　　　　　　　B. Hello Beijing

    C. HELLO BEIJING　　　　　　　D. hELLO Beijing

30. 以下函数的功能是通过键盘输入数据,为数组中的所有元素赋值。

```
# include< stdio. h>
# define N 10
```

```
void fun(int x[N])
{
 int i = 0;
 while(i < N)
  scanf("%d",_____);
}
```

在程序中下画线处应填入的是(　　)。

　　　A. x+i　　　　　　B. &x[i+1]　　　C. x+(i++)　　D. &x[++i]

　31. 有以下程序:

```
#include<stdio.h>
main()
{
 char a[30],b[30];
 scanf("%s",a);
 gets(b);
 printf("%s\n%s\n",a,b);
}
```

程序运行时若输入

```
how are you? I am fine<回车>
```

则输出结果是(　　)。

　　　A. how are you? I am fine

　　　B. how

　　　　are you? I am fine

　　　C. how are you?

　　　　I am fine

　　　D. how are you?

　32. 设有如下函数定义:

```
int fun(int k)
{
 if(k < 1) return 0;
 else if(k == 1) return 1;
 else return fun(k - 1) + 1:
}
```

若执行调用语句"n=fun(3);",则函数 fun()总共被调用的次数是(　　)。

　　　A. 2　　　　　　　　B. 3　　　　　　　　C. 4　　　　　　　　D. 5

　33. 有以下程序:

```
#include<stdio.h>
int fun(int x,int y)
{
 if(x!= y) return((x + y)/2);
 else  return(x);
}
```

```
main()
{
 int a = 4,b = 5,c = 6;
 printf("% d/n",fun(2 * a,fun(b,c)));
}
```

程序运行后的输出结果是(　　)。

　　A. 3　　　　　　B. 6　　　　　　C. 8　　　　　　D. 12

34. 有以下程序：

```
# include < stdio. h>
int fun()
{
 static int x = 1;
 x * = 2;
 return x;
}
main()
{
 int i,s = 1;
 for(i = 1;i < = 3;i++) s * = fun();
 printf("% d\n",s);
}
```

程序运行后的输出结果是(　　)。

　　A. 0　　　　　　B. 10　　　　　　C. 30　　　　　　D. 64

35. 有以下程序：

```
# include < stdio. h>
# define S(x)4 * (x) * x + 1
main()
{
 int k = 5,j = 2;
 printf("% d\n",S(k + j));
}
```

程序运行后的输出结果是(　　)。

　　A. 197　　　　　　B. 143　　　　　　C. 33　　　　　　D. 28

36. 设有定义"struct{char mark[l2];int num1;double num2;}t1,t2;",若变量均已正确赋初值,则以下语句中错误的是(　　)。

　　A. t1＝t2;　　　　　　　　　　　B. t2. num1＝t1. num1;

　　C. t2. mark＝t1. mark;　　　　　D. t2. num2＝t1. num2;

37. 有以下程序：

```
# include < stdio. h>
struct ord
{int x,y;}dt[2] = {1,2,3,4};
main()
{
```

```
struct ord  * p = dt;
 printf("%d,",++(p->x));
 printf("%d\n",++(p->y));
}
```

程序运行后的输出结果是(   )。

    A. 1,2   B. 4,1   C. 3,4   D. 2,3

38. 有以下程序:

```
# include< stdio. h>
struct S
{int a,b;}
data[2] = {10,100,20,200};
main()
{
 struct S p = data[1];
 printf("%d\n",++(p.a));
}
```

程序运行后的输出结果是(   )。

    A. 10   B. 11   C. 20   D. 21

39. 有以下程序:

```
# include< stdio. h>
main()
{
 unsigned char a = 8,c;
 c = a>> 3:
 printf("%d\n",c);
}
```

程序运行后的输出结果是(   )。

    A. 32   B. 16   C. 1   D. 0

40. 设 fp 已定义,执行语句"fp＝fopen("file","w");"后,以下针对文本文件 file 操作叙述的选项中正确的是(   )。

    A. 写操作结束后可以从头开始读   B. 只能写不能读

    C. 可以在原有内容后追加写   D. 可以随意读和写

二、程序填空题(共 18 分)

程序通过定义学生结构体变量,存储学生的学号、姓名和 3 门课的成绩。所有学生数据均以二进制方式输出到 student. dat 文件中。函数 fun() 的功能是从指定文件中找出指定学号的学生数据,读入此学生数据,对该生的分数进行修改,使每门课的分数加 3 分,修改后重写文件中该学生的数据,即用该学生的新数据覆盖原数据,其他学生数据不变;若找不到,则什么都不做。请在程序的下画线处填入正确的内容并把下画线删除,使程序得出正确的结果。

注意:源程序存放在考生文件夹下的 BLANK1. c 中。不得增行或删行,也不得更改程序的结构。

【给定源程序】

```
# include
# define N 5
typedef struct student {
  long sno;
  char name[10];
  float score[3];   } STU;
void fun(char * filename, long sno)
{
  FILE * fp;
  STU n;   int i;
  fp = fopen(filename,"rb + ");
  while(!feof(  【1】  ))
  {
    fread(&n, sizeof(STU), 1, fp);
    if(n.sno   【2】   sno) break;
  }
  if(!feof(fp))
  {
    for(i = 0; i < 3; i++) n.score[i] += 3;
    fseek(   【3】   , - 1L * sizeof(STU), SEEK_CUR);
    fwrite(&n, sizeof(STU), 1, fp);
  }
  fclose(fp);
}
main()
{
  STU t[N] = { {10001,"MaChao", 91, 92, 77}, {10002,"CaoKai", 75, 60, 88},
               {10003,"LiSi", 85, 70, 78}, {10004,"FangFang", 90, 82, 87},
               {10005,"ZhangSan", 95, 80, 88}}, ss[N];
  int i,j;
  FILE * fp;
  fp = fopen("student.dat", "wb");
  fwrite(t, sizeof(STU), N, fp);
  fclose(fp);
  printf("\nThe original data :\n");
  fp = fopen("student.dat", "rb");
  fread(ss, sizeof(STU), N, fp);
  fclose(fp);
  for(j = 0; j < N; j++)
  {
    printf("\nNo: % ld Name: % - 8s Scores: ",ss[j].sno, ss[j].name);
   for(i = 0; i < 3; i++)
      printf(" % 6.2f ", ss[j].score[i]);
  printf("\n");
  }
  fun("student.dat", 10003);
  fp = fopen("student.dat", "rb");
  fread(ss, sizeof(STU), N, fp);
  fclose(fp);
  printf("\nThe data after modifing :\n");
  for(j = 0; j < N; j++)
  {
    printf("\nNo: % ld Name: % - 8s Scores: ",ss[j].sno, ss[j].name);
    for(i = 0; i < 3; i++)
        printf(" % 6.2f ", ss[j].score[i]);
    printf("\n");
  }
}
```

三、程序修改题(共 18 分)

给定程序 MODI1.c 中函数 fun() 的功能是：利用插入排序法对字符串中的字符按从小到大的顺序进行排序。插入法的基本算法是先对字符串中的头两个元素进行排序。然后把第三个字符插入前两个字符中,插入后前三个字符依然有序;再把第四个字符插入前三个字符中……待排序的字符串已在主函数中赋予。

请改正程序中的错误,使它能得出正确结果。注意：不要改动函数 main(),不得增行或删行,也不得更改程序的结构。

【给定源程序】

```c
# include
# include
# define N 80
void insert(char * aa)
{
  int i,j,n; char ch;
  / **************** found ****************** /
  n = strlen[aa];
  for(i = 1; i < n; i++)
  {
   / **************** found ****************** /
     c = aa[i];
     j = i - 1;
     while((j > = 0) && (ch < aa[j]))
     {
      aa[j + 1] = aa[j];
      j -- ;
     }
     aa[j + 1] = ch;
  }
}
main()
{
  char a[N] = "QWERTYUIOPASDFGHJKLMNBVCXZ";
  int i;
  printf ("The original string : % s\n", a);
  insert(a);
  printf("The string after sorting : % s\n\n",a);
}
```

四、程序设计题(共 24 分)

N 名学生的成绩已在主函数中放入一个带头结点的链表结构中,h 指向链表的头结点。请编写函数 fun(),它的功能是找出学生的最高分,由函数值返回。

注意：部分源程序在文件 PROG1.c 文件中。请勿改动主函数 main() 和其他函数中的任何内容,仅在函数 fun() 的花括号中填入你编写的若干语句。

【给定源程序】

```c
# include
# include
# define N 8
struct slist
{
  double s;
```

```
      struct slist * next;
    };
    typedef struct slist STREC;
    double fun(STREC * h)
    {



    }
    STREC * creat(double * s)
    {
      STREC * h, * p, * q;
      int i = 0;
      h = p = (STREC * )malloc(sizeof(STREC));
      p -> s = 0;
      while(i < N)
      {
        q = (STREC * )malloc(sizeof(STREC));
        q -> s = s[i];
        i++;
        p -> next = q;
        p = q;
      }
      p -> next = 0;
      return h;
    }
    outlist(STREC * h)
    {
      STREC * p;
      p = h -> next; printf("head");
      do
      {
        printf(" % 2.0f", p -> s);
        p = p -> next;
      }while(p!= 0);
      printf("\n\n");
    }
    main()
    {
      double s[N] = {85,76,69,85,91,72,64,87}, max;
      STREC * h;
      h = creat(s);
      outlist(h);
      max = fun(h);
      printf("max = % 6.1f\n",max);
    }
```

🔑 4.2　全国计算机等级考试二级 C 语言模拟测试参考答案

4.2.1　模拟测试一参考答案

一、单项选择题（每小题 1 分，共 40 分）

1. C。【解析】数据的逻辑结构用来描述数据之间的关系，分两大类：线性结构和非线性结构。线性结构是 n 个数据元素的有序（次序）集合，指的是数据元素之间存在着"一对一"的线性关系的数据结构。常见的线性结构有线性表、栈、队列、双队列、数组、串。非线性结构的逻辑特征是一个结点元素可能对应多个直接前驱和多个后驱。常见的非线性结构有树(二叉树等)、图(网等)、广义表。

2. B。【解析】Q(1：35)则队列的存储空间为35；队空条件：front＝rear(初始化时front＝rear),队满时(rear＋1)％n＝＝front,n为队列长度(所用数组大小),因此当执行一系列的出队与入队操作后,front＝rear,则队列要么为空,要么为满。

3. B。【解析】栈是先进后出,因此栈底元素是先入栈的元素,栈顶元素是后入栈的元素。

4. D。【解析】单一的数据结构——关系,现实世界的实体以及实体间的各种联系均用关系来表示。数据的逻辑结构——二维表,从用户角度,关系模型中数据的逻辑结构是一张二维表。但是关系模型这种简单的数据结构能够表达丰富的语义,描述出现实世界的实体及实体间的各种关系。

5. A。【解析】部门到职员是一对多的,职员到部门是多对一的,因此,实体部门和职员间的联系是1：m联系。

6. C。【解析】选择是在数据表中给予一定的条件进行筛选数据。投影是把表中的某几个属性的数据选择出来。连接包括自然连接、外连接、内连接等,主要用于多表之间的数据查询。并与数学中的并是一样的。两张表进行并操作,要求它们的属性个数相同并且需要相容。

7. C。【解析】数据字典(DD)是指对数据的数据项、数据结构、数据流、数据存储、处理逻辑、外部实体等进行定义和描述,其目的是对数据流程图中的各元素做出详细的说明。

8. B。【解析】《软件可行性分析报告》是软件可行性研究的依据。

9. A。【解析】黑盒测试方法主要有等价类划分、边界值分析、因果图、错误推测等。白盒测试的主要方法有逻辑驱动、路径测试等,主要用于软件验证。

10. A。【解析】软件设计阶段的主要任务包括两个：一是进行软件系统的可行性分析,确定软件系统的建设是否值得,能否建成。二是进行软件的系统分析,了解用户的需求,定义应用功能,详细估算开发成本和开发周期。

11. B。【解析】C语言是一种成功的系统描述语言,具有良好的移植性,每个扩展名为.c的C语言源程序都可以单独进行编译。

12. A。【解析】用户标识符不能以数字开头,C语言中标识符是区分大小写的,关键字不能用作用户标识符。

13. B。【解析】当用指数形式表示浮点数据时,E的前后都要有数据,并且E的后面数要为整数。

14. A。【解析】C语言是由函数组成的,函数是C语言的基本单位。所以可以说C语言主要是借助定义函数来实现程序模块化。

15. C。【解析】在C语言中,可以用一个标识符来表示一个常量,称为符号常量。符号常量在使用之前必须先定义,其一般形式为：♯define 标识符常量。

16. C。【解析】在输入3和5之间除逗号外不能有其他字符。

17. C。【解析】char类型数据占1字节。

18. B。【解析】在一个表达式中,括号的优先级高,先计算3!＝4,为真即是1,1＞2为假。

19．D。【解析】选项 A，当 c1 和 c2 相等时，不成立；选项 B，a＊b 要用括号括起来；选项 C，case 与后面的数字用空格隔开。

20．D。【解析】输出的结果是：−1，10，2 1，2。

21．C。【解析】如果没有把 p 指向一个指定的值，＊p 是不能被赋值的。定义指针变量不赋初始值时默认为 null。

22．D。【解析】比较两个字符串大小用函数 strcomp(S,t)，空字符串有结束符，所以也要占用字节，两个双引号表示的是空字符串。

23．D。【解析】多元运算符问号前面表达式为真，所以(a−'A'＋'a')赋值给 a，括号里的运算是把大写字母变成小写字母，所以答案应为选项 D。

24．B。【解析】第一次循环时，b＝1，输出结果为 B；第二次循环时，b＝3，输出结果为 D；第三次循环时，b＝8，输出结果为 I。

25．D。【解析】x[0]是不能赋值的。

26．C。【解析】在 C 语言中 null 等价于数字 0。

27．A。【解析】for 循环结束后，数组 a 的值并没有变化，由于数组是由 0 开始，所以 a[2] 的值是 30。

28．B。【解析】函数 fun()的功能是把数组 a 的每一行的最大值赋给 b，a 的第一行的最大值是 3，第二行的最大值是 6，第三行的最大值是 9，所以答案是 3，6，9。

29．C。【解析】第一次执行字符串的复制函数 a 的值是 a2，第二次执行的是字符串的连接函数，所以运行结果为 a2yz。

30．A。【解析】选项 B 不能把一个字符串赋值给一个字符变量，选项 C 和 D 有同样的错误，就是把字符串赋给了数组名。

31．C。【解析】输出结果：k＝1 a＝2；k＝2 a＝4；k＝3 a＝7；k＝4 a＝12。

32．A。【解析】for 循环完成的功能是把二维数组 a 的第一列的字母按从小到大排序，其他列的字母不变。

33．B。【解析】fun1()是输出局部变量的值，fun2()是把全局变量的值改成 3 和 4，所以输出的结果是 5634。

34．A。【解析】第一次调用函数 func()时输出 4，第二次调用函数 func()时 num 的值并不会释放，仍然是上次修改后的值 4，第二次调用结果为 8，所以输出结果是 4 8。

35．C。【解析】函数 fun()的功能是新开辟内存空间存放 a 和 b 的地址，q 的地址并没有变化，所以应该还是指向地址 a。

36．D。【解析】函数 f()是为结构体数组的第二个数赋值，数组的第一个数没有变化，所以正确答案应选 D。

37．B。【解析】用 typedef 说明的类型不是必须用大写，而是习惯上用大写。

38．A。【解析】函数返回值类型可以是简单类型和结构体类型。

39．B。【解析】2 的二进制数为 010，移两位后的二进制数为 01000，转成十制数为 8，(3‖2)为真即 1，8/1＝8，所以结果为 8。

40．D。【解析】这个是对文件的操作，把数组的数写到文件里，然后再从文件里倒序读出。所以输出结果为 6，5，4，3，2，1。

二、程序填空题(共 18 分)

【解题思路】

第一处:使用变量 k 来保存第几个字符串是最长的字符串,所以应填 k。

第二处:利用 for 循环把原字符串右移至最右边存放,字符串的长为 len,所以应填 len。

第三处:左边用字符 * 补齐,所以应填 ss[i][j]。

三、程序修改题(共 18 分)

【解题思路】

第一处:——n 是先减 1,n—— 是后减 1。本题应该先乘以 n。再减 1。——n 改为 n——。

第二处:返回计算结果,所以应填 result。

四、程序设计题(共 24 分)

【解题思路】

本题考查考生怎样在字符串中删除指定的字符,结果仍存放在原字符串中。给出的程序是引用字符串指针 p 和 while 循环语句以及 if 条件判断语句进行处理的,新字符串的位置是由 i 来控制的,循环结束后,再给新字符串置字符串结束符,最后产生的新字符串形参 s 返回到主程序中。

【参考程序】

```c
int fun(char s[],char c)
{
  char * p = s;
  int i = 0;
  while( * p)
  {
    if( * p != c) s[i++] = * p;
    p++;
  }
  s[i] = 0;
}
```

4.2.2 模拟测试二参考答案

一、单项选择题(每小题 1 分,共 40 分)

1. C。【解析】对 n 个结点的线性表采用冒泡排序,在最坏情况下,需要经过 $n/2$ 次从前往后扫描和 $n/2$ 次从后往前扫描,需要的比较次数为 $n(n-1)/2$。

2. B。【解析】有一个根结点的数据结构不一定是线性结构 a。

3. D。【解析】有一个叶子结点而结点的总个数为 7,根据题意,这个二叉树的深度为 7。

4. D。【解析】软件需求分析阶段所生成的说明书为需求规格说明书。

5. B。【解析】结构化程序包含的结构为顺序结构、循环结构、分支结构。

6. A。【解析】软件系统的总体结构图是软件架构设计的依据,它并不能支持软件的详细设计。

7. C。【解析】负责数据库中查询操作的语言是数据操作语言。

8. D。【解析】由于一位教师能教多门课程,而一门课程也能有多位教师教,所以是多对多的关系,也就是 $m：n$ 的关系。

9. C。【解析】由图所知,其中,C 中只有一个属性,是除操作。

10. B。【解析】其中 A 选项是有符号的,C 选项是小数,D 选项是结合并不是类的实例化对象,只有 B 选项完全符合。

11. A。【解析】解释执行是计算机语言的一种执行方式。由解释器现场解释执行,不生成目标程序。如 BASIC 便是解释执行。一般解释执行效率较低,低于编译执行。而 C 程序是经过编译生成目标文件然后执行的,所以 C 程序是编译执行。

12. D。【解析】EXE 文件是可执行文件,Windows 系统都能直接运行 EXE 文件,而不需要安装 C 语言集成开发环境。

13. A。【解析】A 选项中逗号是一个操作符。

14. A。【解析】C 语言中实数的指数计数表示格式为字母 e 或者 E 之前必须有数字,且 e 或 E 后面的指数必须为整数。所以 A 选项正确。

15. A。【解析】由等式的规则可知,A 选项错误。先对括号中的 b 进行等式运算,得出 b＝4,然后计算得出 a＝4＝3,所以会导致错误。答案为 A。

16. A。【解析】考查简单的 C 程序。由题可知,程序中输入 name 的值为 Lili,所以输出的必定是 Lili,答案为 A。

17. D。【解析】考查 if 循环语句。if(表达式),其中表达式是一个条件,条件中可以是任意的合法的数值。

18. C。【解析】考查简单的 C 程序,题目中 x＝011 而输出函数中是++x,说明是先加 1,所以为 l0,答案为 C。

19. A。【解析】根据题意,当 s＝1 时,输出 65;当 s＝2 时,输出 6;当 S＝3 时,则输出 64;当 S＝4 时,输出 5;当 s＝5 时,输出 6;当 s＝0 时,程序直接退出。所以最后答案为 6566456,A 选项正确。

20. C。【解析】本题考查 switch…case 语句。在本题的程序中,只有在"case 2：s＝s＋2;break;",才有 break 语句,所以当 s＝0 时会执行"s＝s＋1;s＝s＋2;",所以 s＝3;当 s＝3 时,会执行"s＝s＋3;s＝s＋4;",所以 s＝10;以此类推,答案为 C。

21. B。【解析】考查简单的 C 程序数组和循环。for 循环是指 i＝0,如果 s/[3]!＝0,则 i 自动加 1。if 循环指的是 s[i]中的元素大于或等于 0 且小于或等于 9,则 n 加 1,所以答案为 B。

22. D。【解析】此题考查的是基本的循环,答案为 D。

23. B。【解析】此题考查的是函数 putchar(),此函数是字符输出函数,并且输出的是单个字符。所以答案为 B。

24. C。【解析】为变量输入数据时,函数 scanf()后面的输入项参数应为变量的地址,所以 B 选项和 D 选项错误,又因为变量类型为 double,数据的格式应为%lf,所以 A 选项错误,正确答案为 C。

25. D。【解析】函数 fun()的意思是当＊s%2＝＝0 的时候就输出并且 s 自加 1 次,然后判断。所以可知只有第 2 和第 4 个位置上的才符合要求,所以答案为 D。

26. D。【解析】主要是考查 while 和函数 getchar(),函数 getchar()是输入字符函数,while 是循环语句,所以当输入的字符不为换行符时将被执行。

27. D。【解析】因为 x!＝0,所以下列的 if 语句不执行,最后结果为 0。

28. C。【解析】选项 C 的意思是 p 指向数组第一行的第一个元素。

29. C。【解析】此程序是进行将小写字母变成大写操作,所以答案为 C。

30. C。【解析】程序主要是为数组赋值。答案为 C。

31. B。【解析】此题主要考查函数 scanf() 和函数 gets() 的区别。答案为 B。

32. B。【解析】此题考查简单的循环,当执行 n=fun(3),则函数 fun() 执行 3 次。

33. B。【解析】此题考查的是函数 fun(),fun(b,c)＝5,然后 fun(2 * a,5)＝fun(8,5)＝6。

34. D。【解析】函数 fun() 是 2 的次方的运算,而 s * ＝fun(),所以答案为 64。

35. B。【解析】此程序考查带参数的宏定义,S(k+j) 展开后即 4 * (k+j) * k+j+1,所以结果为 143,答案为 B。

36. C。【解析】结构体中的成员如果是数组类型,不能通过其数组名进行赋值。所以选项 C 错误。

37. D。【解析】p-> x 的值为 1,++(p-> x) 作用是取 p-> x 的值加 1 作为表达式的值即值为 2,同理 ++(p-> y) 的值为 3。所以选 D。

38. D。【解析】考查结构体的应用,答案为 21。

39. C。【解析】题中定义了无符号数,"c=a＞＞3;"指右移 3 位,然后输出。答案为 C。

40. B。【解析】考查基础知识,"fp＝fopen("file","w");"指写操作之后只可以读。答案为 B。

二、程序填空题(共 18 分)

【解题思路】

本题考查如何从指定文件中找出指定学号的学生数据,并进行适当的修改,修改后重新写回到文件中该学生的数据上,即用该学生的新数据覆盖原数据。

第一处:判断读文件是否结束,所以应填 fp。

第二处:从读出的数据中判断是否是指定的学号,其中学号是由形参 sno 来传递的,所以应填＝＝。

第三处:从已打开文件 fp 中重新定位当前读出的结构位置,所以应填 fp。

三、程序修改题(共 18 分)

【解题思路】

第一处:函数应该使用圆括号,所以应改为"n＝strlen(aa);"。

第二处:变量 c 没有定义,但后面使用的是 ch 变量,所以应改为"ch＝aa[i];"。

四、程序设计题(共 24 分)

【解题思路】

本题考查如何从链表中求出学生的最高分。

这里给出的程序是利用 while 循环语句及临时结构指针变量 p 来求出最高分,步骤如下。

(1) 将链表中的第 1 个值赋给变量 max。

(2) 将链表指针 p 的初始位置指向 h 的 next 指针(h-> next)。

(3) 判断 p 指针是否结束。如果结束,则返回 max,否则继续。

(4) 判断 max 是否小于 p-> s。如果小于,则 max 取 p-> s,否则不替换。

（5）取 p-> next 赋值给 p（取下一结点位置给 p），转步骤(3)继续。

【参考程序】

```
double fun(STREC * h)
{
  double max = h - > s;
  STREC * p;
  p = h - > next;
  while(p)
  {
      if(p - > s > max)
      max = p - > s;
      p = p - > next;
  }
  return max;
}
```

附录 A　C 语言开发环境

目前有很多可以编译和运行 C 语言程序的环境,如 Turbo C、Borland C、GCC(GNU Compiler Collection)、Microsoft Visual C++等。其中,Microsoft Visual C++ 2010 是目前应用较广的软件,提供了强大的开发功能,用户可以在这个平台上开发控制台应用程序、Windows 应用程序、绘图程序、Internet 应用程序等。

A.1　Microsoft Visual C++ 2010 工作环境

在 Microsoft Visual C++ 2010 中开发必须按照创建项目的标准步骤进行,下面进行详细介绍。

(1) 新建项目(解决方案/project)。

选择菜单"文件"→"新建"→"项目",如图 A.1 所示。

图 A.1　新建项目

选择"Win32 控制台应用程序",下方根据要求设置项目(解决方案/project)的名称和保存的位置,如图 A.2 所示。单击"确定"按钮,在接下来的向导界面中单击"下一步"按钮,如图 A.3 所示,进入应用程序设置界面。

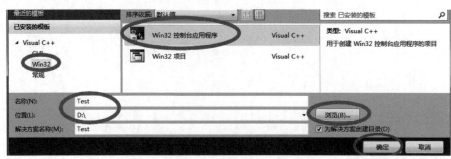

图 A.2　设置项目名称等

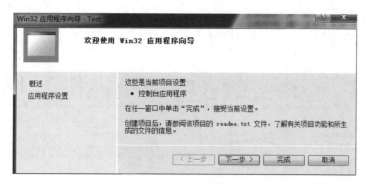

图 A.3　应用程序向导

选中"控制台应用程序"和"空项目",然后单击"完成"按钮,如图 A.4 所示。

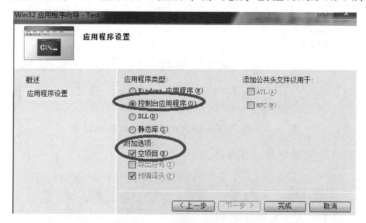

图 A.4　应用程序设置

在创建完项目之后的界面中,解决方案资源管理器一般在左边,也可能在右边,可以拖动修改其位置。

(2) 创建源代码文件。

在项目 Test 中右击"源文件",弹出如图 A.5 所示的快捷菜单。

图 A.5　添加源代码文件

　　如果已有.c或.cpp源代码文件,那么在图A.5所示的菜单中选择"添加"->"现有项",在弹出的"添加现有项"对话框中选中已有的.c或.cpp源代码文件,然后单击"添加"按钮,如图A.6所示。

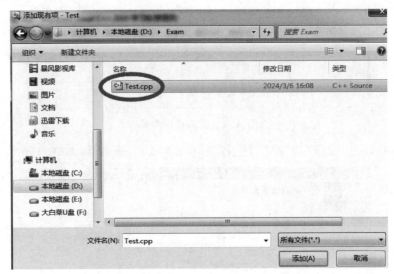

图A.6　将已有的源代码文件添加到项目中

　　添加后双击打开源代码文件,如图A.7所示。

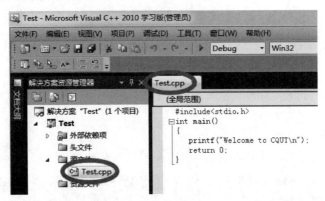

图A.7　打开源代码文件

　　如果还没有源代码文件,那么在图A.5所示的菜单中选择"添加"->"新建项",弹出如图A.8所示的界面。

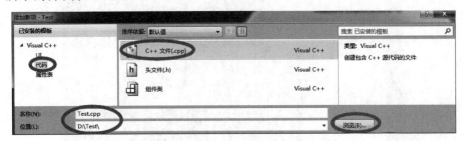

图A.8　新建源代码文件

如果觉得文件类型太多,可以单击左边的"代码"进行筛选。这一步需要注意根据题目要求核对 C 源代码文件的名称和位置,确认文件扩展名是.c 还是默认的.cpp。

注意:一个项目内的源文件只能包含一个.c 或.cpp 文件。

(3)编写代码并调试。

这时可以发现"调试"菜单里多了"生成解决方案"菜单项,微型编译条按钮也变成了绿色并且可以单击,如图 A.9 所示。

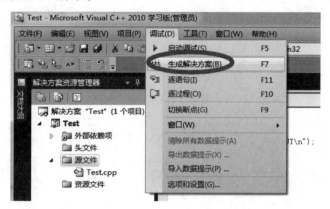

图 A.9   生成解决方案

选择"调试"→"生成解决方案"菜单项或按 F7 键进行编译,如果程序没有错误系统会提示编译成功,如果有错误则按照提示修改。

修改好后再次选择"调试"→"生成解决方案"菜单项,按 F5 启动调试。如果程序没有错误,会发现窗口闪一下就消失了,那么调试时单击微型编译条上的开始执行按钮▶(即图 A.10 中圈出的按钮,或按快捷键 Ctrl+F5)即可,如图 A.10 所示。

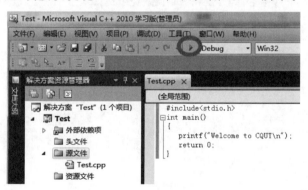

图 A.10   执行程序

为了操作方便,可以在工具栏中加入微型编译条的几个按钮,方法是在工具栏的空白处右击,在弹出的菜单中勾选"生成"和"调试",如图 A.11 所示。

然后单击工具栏最右侧的向下箭头,选择菜单"添加或移除按钮"→"自定义",如图 A.12 所示,打开"自定义"对话框。

在"自定义"对话框中按图 A.13 所示进行设置,然后单击"添加命令"按钮,弹出"添加命令"对话框,在"添加命令"对话框中选择"调试"和"开始执行(不调试)",单击"确定"按钮,如图 A.13 所示。

图 A. 11 在工具栏中加入微型编译条

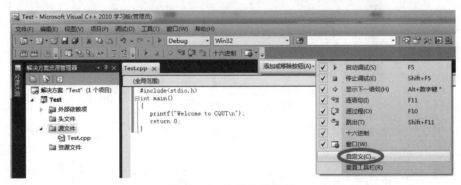

图 A. 12 自定义工具栏

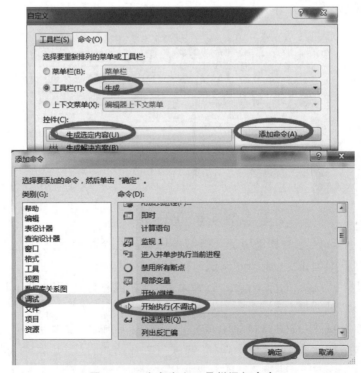

图 A. 13 为自定义工具栏添加命令

（4）避免程序结果闪退。

避免程序结果闪退的方法之一是在所编写的程序中添加语句"system("pause");"（一定要位于语句"return 0;"之前），如图 A.14 所示。

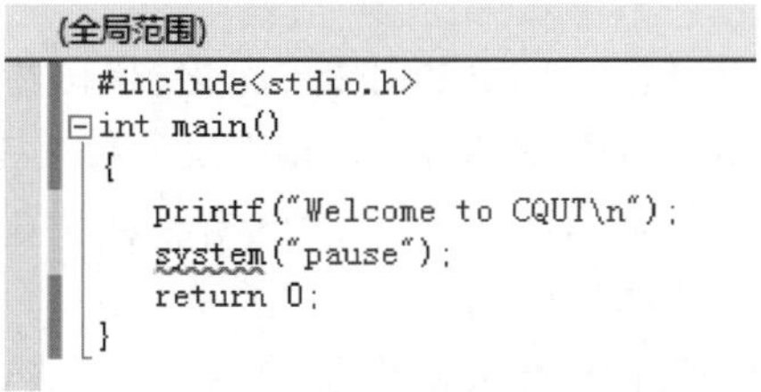

图 A.14　避免程序结果闪退

（5）打开已有项目的方法分两步，如图 A.15 和图 A.16 所示。

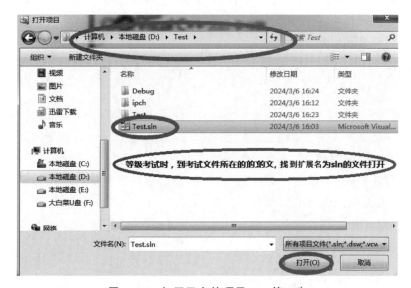

图 A.15　打开已有的项目——第一步

图 A.16　打开已有的项目——第二步

A.2　C语言调试运行中的常见错误

1. 源程序错误分类

C编译程序将在每个阶段(预处理、语法分析、优化、代码生成)尽可能多地找出源程序中的错误。编译程序查出的错误分严重错误、一般错误和警告三类。

(1) 严重错误(fatal error):通常指内部编译出错。在发生严重错误时,编译程序立即停止,必须采取一些适当的措施并重新编译。

(2) 一般错误(error):指程序的语法错误及磁盘、内存或命令行错误等。在发生一般错误时,编译程序将完成现阶段的编译,然后停止。

(3) 警告(warning):指一些值得怀疑的情况,而这些情况本身又可以合理地作为源程序的一部分。警告不阻止编译继续运行。

源程序编译后,编译程序首先输出上述三类出错信息,然后输出源文件名称和出错的行号,最后输出信息的内容,如图A.17所示。

```
--------------------Configuration: HelloWorld - Win32 Debug--------------------
Compiling...
SubCall.cpp
F:\exercise\HelloWorld\SubCall.cpp(7) : error C2143: syntax error : missing ';' before '}'
执行 cl.exe 时出错.

SubCall.obj - 1 error(s), 0 warning(s)
```

图 A.17　出错信息

2. C程序的常见错误

(1) 书写标识符时,忽略了字母大小写的区别。

例如以下程序段,编译程序认为 a 和 A 是两个不同的变量名,因此显示出错信息。C语言认为大写字母和小写字母是两个不同的字符。一般地,符号常量名用大写字母表示,变量名用小写字母表示,以增强可读性。

```
main()
{
    int a = 5;
    printf("%d",A);
}
```

(2) 忽略了变量的类型,进行了不合法的运算。

例如以下程序中,%是求余运算,得到a/b的整余数。整型变量a和b可以进行求余运算,而实型变量则不允许进行求余运算。

```
main()
{
    float a,b;
    printf("%d",a%b);
}
```

（3）将字符常量与字符串常量混淆。

```
char c;
c = "a";
```

在这里就混淆了字符常量与字符串常量,字符常量是由一对单引号括起来的单个字符,而字符串常量是一对双引号括起来的字符序列。C规定以"\"作字符串结束标志,它是由系统自动加上的,所以字符串"a"实际上包含两个字符:'a'和'\',而把它赋给一个字符变量是不允许的。

（4）忽略了"＝"与"＝＝"的区别。

在许多高级语言中,用"＝"符号表示关系运算符"等于"。例如在 BASIC 程序中,可以编写语句

```
if (a = 3)    then …
```

但在 C 语言中,＝是赋值运算符,＝＝是关系运算符。如:

```
if (a == 3)     a = b;
```

其中,＝＝表示比较,比较 a 是否与 3 相等;＝表示如果 a 和 3 相等,则把 b 的值赋给 a。由于习惯问题,初学者往往会犯这样的错误。

（5）忘记加分号。

分号是 C 语句中不可缺少的一部分,语句末尾必须有分号。

```
a = 1
b = 2
```

编译上述程序段时,编译程序在"a＝1"后面没发现分号,就把下一行的"b＝2"也作为"a＝1"语句的一部分,这就会出现语法错误。改错时,如果在被指出有错的一行中未发现错误,这时就需要查看上一行是否漏掉了分号。

```
{
    z = x + y;
    t = z/100;
    printf(" % f",t);
}
```

对于复合语句来说,最后一个语句中最后的分号不能省略(这是和 PASCAL 语言不同的)。

（6）多加分号。

对于一个复合语句,如:

```
{
    z = x + y;
    t = z/100;
    printf(" % f",t);
};
```

复合语句的花括号后不应再加分号,否则将会画蛇添足。又如:

```
if(a % 3 == 0);
i++;
```

本意是如果 3 整除 a,则 i 加 1。但由于 if (a%3==0)后多加了分号,则 if 语句到此结束,程序将执行 i++语句。不论 3 是否整除 a,i 都将自动加 1。

再如:

```
for(i = 0;i < 5;i++);
{
  scanf("% d",&x);
  printf("% d",x);
}
```

本意是先后输入 5 个数,每输入一个数后再将它输出。由于 for()后多加了一个分号,使循环体变为空语句,此时只能输入一个数并输出它。

(7) 输入变量时忘记加地址运算符"&"。

```
int a,b;
scanf("% d% d",a,b);
```

是不合法的。函数 scanf()的作用是按照 a、b 在内存的地址将 a、b 的值存进去。"&a"指 a 在内存中的地址。

(8) 输入数据的格式与要求不符。

①

```
scanf("% d% d",&a,&b);
```

输入时,不能用逗号作两个数据间的分隔符,如下面的输入不合法:

```
3,4
```

输入数据时,在两个数据之间以一个或多个空格间隔,也可用回车键、跳格键(Tab)作间隔。

②

```
scanf("% d, % d",&a,&b);
```

C 语言规定:如果在格式控制字符串中除了格式说明以外还有其他字符,则在输入数据时应输入与这些字符相同的字符。如下面的输入是合法的:

```
3,4
```

此时不用逗号而用空格或其他字符间隔是不合法的。如:

```
3 4 或 3 : 4
```

又如:

```
scanf("a = % d,b = % d",&a,&b);
```

输入应按以下形式:

```
a = 3,b = 4
```

（9）输入字符的格式与要求不一致。

在用"％c"格式输入字符时，"空格字符"和"转义字符"都作为有效字符输入。如：

```
scanf("%c%c%c",&c1,&c2,&c3);
```

如果输入 a b c，则字符"a"赋给 c1，字符" "赋给 c2，字符"b"赋给 c3，因为％c 只要求读入一个字符，后面不需要用空格作为两个字符的间隔。

（10）输入输出的数据类型与所用格式说明符不一致。

例如，以下程序段中 a 已被定义为整型，b 被定义为实型，编译时未给出出错信息，但运行结果与原意不符。对于这种错误尤其需要注意。

```
a = 3;b = 4.5;
printf("%f%d\n",a,b);
```

（11）输入数据时企图规定精度。

例如，以下语句是不合法的，输入数据时不能规定精度。

```
scanf("%7.2f",&a);
```

（12）switch 语句中漏写 break 语句。

例如，以下语句的目的是根据考试成绩的等级输出百分制数段。

```
switch(grade)
{
    case 'A':printf("85~100\n");
    case 'B':printf("70~84\n");
    case 'C':printf("60~69\n");
    case 'D':printf("<60\n");
    default:printf("error\n");
}
```

由于漏写了 break 语句，case 只起标号的作用，而不起判断作用。因此，当 grade 值为 A 时，在执行完第一个 printf 语句后接着执行第二、三、四、五个 printf 语句。正确写法是在每个分支后再加上"break;"。如：

```
case 'A':printf("85~100\n");break;
```

（13）忽视了 while 和 do-while 语句在细节上的区别。

①

```
main()
{
    int a = 0,i
    scanf("%d",&i);
    while(i <= 10)
    {
      a = a + i;
      i++;
    }
    printf("%d",a);
}
```

②

```
main()
{
    int a = 0, i;
    scanf(" % d",&i);
    do
    {
      a = a + i;
      i++;
    }while(i < = 10);
    printf(" % d",a);
}
```

可以看到,当输入 i 的值小于或等于 10 时,二者得到的结果相同。而当 i>10 时,二者结果就不同了。因为 while 循环是先判断后执行,而 do-while 循环是先执行后判断。对于大于 10 的数,while 循环一次也不执行循环体,而 do-while 语句则执行一次循环体。

(14) 定义数组时误用变量。

```
int    n;
scanf(" % d",&n);
int a[n];
```

数组名后用方括号括起来的是常量表达式,可以包括常量和符号常量,即 C 语言不允许对数组的大小进行动态定义。

(15) 在定义数组时,将定义的"元素个数"误认为可使用的最大下标值。

```
main()
{
    static int a[10] = {1,2,3,4,5,6,7,8,9,10};
    printf(" % d",a[10]);
}
```

C 语言规定:定义时用 a[10]表示 a 数组有 10 个元素,其下标值由 0 开始,所以数组元素 a[10]是不存在的。

(16) 初始化数组时未使用静态存储。

```
int a[3] = {0,1,2};
```

这样初始化数组是不对的。C 语言规定只有静态存储(static)数组和外部存储(exterm)数组才能初始化。应改为

```
static int a[3] = {0,1,2};
```

(17) 在不应加地址运算符(&)的位置加了地址运算符。

```
scanf(" % s",&str);
```

C 语言编译系统对数组名的处理是:数组名代表该数组的起始地址,且函数 scanf()中的输入项是字符数组名,不需要再加地址符 &。应改为

```
scanf("%s",str);
```

(18) 同时定义了形参和函数中的局部变量。

```
int max(x,y)
int x,y,z;
{
    z = x > y?x:y;
    return(z);
}
```

形参应该在函数体外定义,而局部变量应该在函数体内定义。应改为

```
int max(x,y)
int x,y;
{
    int z;
    z = x > y?x:y;
    return(z);
}
```

A.3　常见错误提示的中文说明

* Ambiguous operators need parentheses(不明确的运算需要用括号括起)
* Ambiguous symbol "xxx"(不明确的符号)
* Argument list syntax error(参数表语法错误)
* Array bounds missing(丢失数组界限符)
* Array size too large(数组规模太大)
* Bad character in paramenters(参数中有不适当的字符)
* Bad file name format in include directive(包含命令中文件名格式不正确)
* Bad ifdef directive synatax(编译预处理 ifdef 有语法错误)
* Bad undef directive syntax(编译预处理 undef 有语法错误)
* Bit field too large(位字段太长)
* Call of non-function(调用未定义的函数)
* Call to function with no prototype(调用函数时没有函数原型的声明)
* Cannot modify a const object(不允许修改常量对象)
* Case outside of switch(switch 中漏掉了 case 语句)
* Case syntax error(case 语法错误)
* Code has no effect(代码不可能执行到)
* Compound statement missing{(复合语句漏掉{)
* Conflicting type modifiers(不明确的类型说明符)
* Constant expression required(要求常量表达式)
* Constant out of range in comparison(在比较中常量超出范围)
* Conversion may lose significant digits(转换时会丢失有意义的数字)

- Conversion of near pointer not allowed(不允许转换近指针)
- Could not find file "xxx"(找不到 xxx 文件)
- Declaration missing;(声明缺少;)
- Declaration syntax error(声明中出现语法错误)
- Default outside of switch(Default 出现在 switch 语句之外)
- Define directive needs an identifier(定义编译预处理需要标识符)
- Division by zero(用零作除数)
- Do statement must have while(do-while 语句中缺少 while 部分)
- Enum syntax error(枚举类型语法错误)
- Enumeration constant syntax error(枚举常数语法错误)
- Error directive :xxx(错误的编译预处理命令)
- Error writing output file(输出文件写入时发生错误)
- Expression syntax error(表达式语法错误)
- Extra parameter in call(调用时出现多余参数)
- File name too long(文件名太长)
- Function call missing (缺少函数调用)
- Function definition out of place(函数定义位置错误)
- Function should return a value(函数必须返回一个值)
- Goto statement missing label(Goto 语句没有标号)
- Hexadecimal or octal constant too large(十六进制或八进制常量太大)
- Illegal character "x"(非法字符 x)
- Illegal initialization(非法的初始化)
- Illegal octal digit(非法的八进制数字)
- Illegal pointer subtraction(非法的指针减法)
- Illegal structure operation(非法的结构体操作)
- Illegal use of floating point(非法的浮点运算)
- Illegal use of pointer(非法使用指针)
- Improper use of a typedef symbol(类型定义符号使用不当)
- In-line assembly not allowed(不允许使用行间汇编)
- Incompatible storage class(存储类别不相容)
- Incompatible type conversion(不相容的类型转换)
- Incorrect number format(错误的数字格式)
- Incorrect use of default(default 使用不当)
- Invalid indirection(无效的间接运算)
- Invalid pointer addition(无效的指针加法)
- Irreducible expression tree(无法执行的表达式运算)
- Lvalue required(需要逻辑值 0 或非 0 值)
- Macro argument syntax error(宏参数语法错误)
- Macro expansion too long(宏的扩展太长)

- Mismatched number of parameters in definition(定义中参数个数不匹配)
- Misplaced break(此处不应出现 break 语句)
- Misplaced continue(此处不应出现 continue 语句)
- Misplaced decimal point(此处不应出现小数点)
- Misplaced elif directive(不应出现编译预处理 elif)
- Misplaced else(此处不应出现 else)
- Misplaced else directive(此处不应出现编译预处理 else)
- Misplaced endif directive(此处不应出现编译预处理 endif)
- Must be addressable(必须是可以编址的)
- Must take address of memory location(必须存储定位的地址)
- No declaration for function "xxx"(没有函数 xxx 的声明)
- No stack(缺少堆栈)
- No type information(缺少类型信息)
- Non-portable pointer assignment(不可移动的指针(地址常数)赋值)
- Non-portable pointer comparison(不可移动的指针(地址常数)比较)
- Non-portable pointer conversion(不可移动的指针(地址常数)转换)
- Not a valid expression format type(不合法的表达式格式)
- Not an allowed type(不允许使用的类型)
- Numeric constant too large(数值常量太大)
- Out of memory(内存不够用)
- Parameter "xxx" is never used(参数 xxx 未使用)
- Pointer required on left side of ->(符号->的左边必须是指针)
- Possible use of "xxx" before definition(在定义之前就使用了 xxx(警告))
- Possibly incorrect assignment(赋值可能不正确)
- Redeclaration of "xxx"(重复定义 xxx)
- Redefinition of "xxx" is not identical(xxx 的两次定义不一致)
- Register allocation failure(寄存器定址失败)
- Repeat count needs an lvalue(重复计数需要逻辑值)
- Size of structure or array not known(结构体或数组大小不确定)
- Statement missing;(语句后缺少分号)
- Structure or union syntax error(结构体或联合体语法错误)
- Structure size too large(结构体尺寸太大)
- Sub scripting missing](下标缺少右方括号)
- Superfluous & with function or array(函数或数组中有多余的 &)
- Suspicious pointer conversion(可疑的指针转换)
- Symbol limit exceeded(符号超限)
- Too few parameters in call(函数调用时实参数量不够)
- Too many default cases(default 太多(switch 语句中只能有一个 default))
- Too many error or warning messages(错误或警告信息太多)

- Too many type in declaration(声明中类型太多)
- Too much auto memory in function(函数用到的局部存储太多)
- Too much global data defined in file(文件中全局数据太多)
- Two consecutive dots(两个连续的句点)
- Type mismatch in parameter xxx(参数 xxx 的类型不匹配)
- Type mismatch in redeclaration of "xxx"(xxx 重定义的类型不匹配)
- Unable to create output file "xxx"(无法创建输出文件 xxx)
- Unable to open include file "xxx"(无法打开被包含的文件 xxx)
- Unable to open input file "xxx"(无法打开输入文件 xxx)
- Undefined label "xxx"(没有定义的标号 xxx)
- Undefined structure "xxx"(没有定义的结构 xxx)
- Undefined symbol "xxx"(没有定义的符号 xxx)
- Unexpected end of file in comment started on line xxx(从 xxx 行开始的注释尚未结束时文件不能结束)
- Unexpected end of file in conditional started on line xxx(从 xxx 开始的条件语句尚未结束时文件不能结束)
- Unknown assemble instruction(未知的汇编指令)
- Unknown option(未知的操作)
- Unknown preprocessor directive："xxx"(未知的预处理命令 xxx)
- Unreachable code(无法到达的代码)
- Unterminated string or character constant(字符串或字符常量缺少引号)
- User break(用户强行中断了程序)
- Void functions may not return a value(void 类型的函数不应有返回值)
- Wrong number of arguments(调用函数的参数个数错)
- "xxx" not an argument(xxx 不是参数)
- "xxx" not part of structure(xxx 不是结构体的一部分)
- xxx statement missing((xxx 语句缺少左圆括号)
- xxx statement missing)(xxx 语句缺少右圆括号)
- xxx statement missing;(xxx 缺少分号)
- "xxx" declared but never used(声明了 xxx 但未使用)
- "xxx" is assigned a value which is never used(给 xxx 赋了值但未使用)
- Zero length structure(结构体的长度为零)

附录 B　常用字符的 ASCII 码表

常用字符的 ASCII(美国信息交换标准编码)码表如表 B.1 所示。

表 B.1　常用字符的 ASCII 码表

字符	ASCII 码			字符	ASCII 码			字符	ASCII 码		
	二进制	十进制	十六进制		二进制	十进制	十六进制		二进制	十进制	十六进制
CR	1101	13	0D	?	111111	63	3F	a	1100001	97	61
Esc	11011	27	1B	@	1000000	64	40	b	1100010	98	62
(space)	100000	32	20	A	1000001	65	41	c	1100011	99	63
!	100001	33	21	B	1000010	66	42	d	1100100	100	64
"	100010	34	22	C	1000011	67	43	e	1100101	101	65
#	100011	35	23	D	1000100	68	44	f	1100110	102	66
$	100100	36	24	E	1000101	69	45	g	1100111	103	67
%	100101	37	25	F	1000110	70	46	h	1101000	104	68
&	100110	38	26	G	1000111	71	47	i	1101001	105	69
'	100111	39	27	H	1001000	72	48	j	1101010	106	6A
(	101000	40	28	I	1001001	73	49	k	1101011	107	6B
)	101001	41	29	J	1001010	74	4A	l	1101100	108	6C
*	101010	42	2A	K	1001011	75	4B	m	1101101	109	6D
+	101011	43	2B	L	1001100	76	4C	n	1101110	110	6E
,	101100	44	2C	M	1001101	77	4D	o	1101111	111	6F
—	101101	45	2D	N	1001110	78	4E	p	1110000	112	70
.	101110	46	2E	O	1001111	79	4F	q	1110001	113	71
/	101111	47	2F	P	1010000	80	50	r	1110010	114	72
0	110000	48	30	Q	1010001	81	51	s	1110011	115	73
1	110001	49	31	R	1010010	82	52	t	1110100	116	74
2	110010	50	32	S	1010011	83	53	u	1110101	117	75
3	110011	51	33	T	1010100	84	54	v	1110110	118	76
4	110100	52	34	U	1010101	85	55	w	1110111	119	77
5	110101	53	35	V	1010110	86	56	x	1111000	120	78
6	110110	54	36	W	1010111	87	57	y	1111001	121	79
7	110111	55	37	X	1011000	88	58	z	1111010	122	7A
8	111000	56	38	Y	1011001	89	59				
9	111001	57	39	Z	1011010	90	5A	{	1111011	123	7B
:	111010	58	3A	[	1011011	91	5B			1111100	124	7C
;	111011	59	3B	\	1011100	92	5C	}	1111101	125	7D
<	111100	60	3C	]	1011101	93	5D	~	1111110	126	7E
=	111101	61	3D	^	1011110	94	5E				
>	111110	62	3E	—	1011111	95	5F				

附录C C语言运算符及优先级

优先级	运 算 符	含 义	要求运算对象的个数	结合方向
1	( ) [ ] -> .	圆括号 下标运算符 指向结构体成员运算符 结构体成员运算符		自左至右
2	! ~ ++ -- - ( ) * & sizeof	逻辑非 按位取反 自增 自减 负号 类型转换 指针 地址 长度	1（单目运算符）	自右至左
3	* / %	乘法 除法 求余	2（双目运算符）	自左至右
4	+ -	加法 减法	2（双目运算符）	自左至右
5	<< >>	左移 右移	2（双目运算符）	自左至右
6	< <= > >=	关系运算符	2（双目运算符）	自左至右
7	== !=	等于 不等于	2（双目运算符）	自左至右
8	&	按位与	2（双目运算符）	自左至右
9	^	按位异或	2（双目运算符）	自左至右
10	|	按位或	2（双目运算符）	自左至右
11	&&	逻辑与	2（双目运算符）	自左至右
12	||	逻辑或	2（双目运算符）	自左至右
13	?:	条件运算符	3（三目运算符）	自右至左
14	= += -= *= /= %= >>= <<= &= ^= !=	赋值运算符	2（双目运算符）	自右至左
15	,	逗号运算符（顺序求值运算符）		自左至右

附录 D　全国计算机等级考试二级 C 考试大纲(2023 年版)

一、公共基础知识

【基本要求】

(1) 掌握计算机系统的基本概念,理解计算机硬件系统和计算机操作系统。

(2) 掌握算法的基本概念。

(3) 掌握基本数据结构及其操作。

(4) 掌握基本排序和查找算法。

(5) 掌握逐步求精的结构化程序设计方法。

(6) 掌握软件工程的基本方法,具有初步应用相关技术进行软件开发的能力。

(7) 掌握数据库的基本知识,了解关系数据库的设计。

【考试内容】

1. 计算机系统

(1) 掌握计算机系统的结构。

(2) 掌握计算机硬件系统结构,包括 CPU 的功能和组成、存储器分层体系、线和外部设备。

(3) 掌握操作系统的基本组成,包括进程管理、内存管理、目录和文件系统、I/O 设备管理。

2. 基本数据结构与算法

(1) 算法的基本概念;算法复杂度的概念和意义(时间复杂度与空间复杂度)。

(2) 数据结构的定义;数据的逻辑结构与存储结构;数据结构的图形表示;线性结构与非线性结构的概念。

(3) 线性表的定义;线性表的顺序存储结构及其插入与删除运算。

(4) 栈和队列的定义;栈和队列的顺序存储结构及其基本运算。

(5) 线性单链表、双向链表与循环链表的结构及其基本运算。

(6) 树的基本概念;二叉树的定义及其存储结构;二叉树的前序、中序和后序遍历。

(7) 顺序查找与二分法查找算法;基本排序算法(交换类排序,选择类排序,插入类排序)。

3. 程序设计基础

(1) 程序设计方法与风格。

(2) 结构化程序设计。

(3) 面向对象的程序设计方法、对象、方法、属性及继承与多态性。

4．软件工程基础

（1）软件工程基本概念，软件生命周期概念，软件工具与软件开发环境。

（2）结构化分析方法，数据流图，数据字典，软件需求规格说明书。

（3）结构化设计方法，总体设计与详细设计。

（4）软件测试的方法，白盒测试与黑盒测试，测试用例设计，软件测试的实施，单元测试、集成测试和系统测试。

（5）程序的调试，静态调试与动态调试。

5．数据库设计基础

（1）数据库的基本概念：数据库，数据库管理系统，数据库系统。

（2）数据模型，实体联系模型及 E-R 图，从 E-R 图导出关系数据模型。

（3）关系代数运算，包括集合运算及选择、投影、连接运算，数据库规范化理论。

（4）数据库设计方法和步骤：需求分析、概念设计、逻辑设计和物理设计的相关策略。

【考试方式】

（1）公共基础知识不单独考试，与其他二级科目组合在一起，作为二级科目考核内容的一部分。

（2）考试方式为上机考试，10 道选择题，占 10 分。

二、C 语言程序设计

【基本要求】

（1）熟悉 Visual C++ 6.0 集成开发环境。

（2）掌握结构化程序设计的方法，具有良好的程序设计风格。

（3）掌握程序设计中简单的数据结构和算法并能阅读简单的程序。

（4）在 Visual C++ 集成环境下，能够编写简单的 C 程序，并具有基本的纠错和调试程序的能力。

【考试内容】

1．C 语言程序的结构

（1）程序的构成，函数 main() 和其他函数。

（2）头文件，数据说明，函数的开始和结束标志以及程序中的注释。

（3）源程序的书写格式。

（4）C 语言的风格。

2．数据类型及其运算

（1）C 的数据类型（基本类型，构造类型，指针类型，无值类型）及其定义方法。

（2）C 运算符的种类、运算优先级和结合性。

（3）不同类型数据间的转换与运算。

（4）C 表达式类型（赋值表达式、算术表达式、关系表达式、逻辑表达式、条件表达式、逗号表达式)和求值规则。

3．基本语句

(1) 表达式语句,空语句,复合语句。
(2) 输入输出函数的调用,正确输入数据并正确设计输出格式。

4．选择结构程序设计

(1) 用 if 语句实现选择结构。
(2) 用 switch 语句实现多分支选择结构。
(3) 选择结构的嵌套。

5．循环结构程序设计

(1) for 循环结构。
(2) while 和 do-while 循环结构。
(3) continue 语句和 break 语句。
(4) 循环的嵌套。

6．数组的定义和引用

(1) 一维数组和二维数组的定义、初始化和数组元素的引用。
(2) 字符串与字符数组。

7．函数

(1) 库函数的正确调用。
(2) 函数的定义方法。
(3) 函数的类型和返回值。
(4) 形式参数与实在参数,参数值的传递。
(5) 函数的正确调用,嵌套调用,递归调用。
(6) 局部变量和全局变量。
(7) 变量的存储类别(自动、静态、寄存器、外部),变量的作用域和生存期。

8．编译预处理

(1) 宏定义和调用(不带参数的宏,带参数的宏)。
(2)"文件包含"处理。

9．指针

(1) 地址与指针变量的概念,地址运算符与间址运算符。
(2) 一维、二维数组和字符串的地址以及指向变量、数组、字符串、函数、结构体的指针变量的定义。通过指针引用以上各类型数据。
(3) 用指针作函数参数。

（4）返回地址值的函数。

（5）指针数组，指向指针的指针。

10. 结构体（即"结构"）与共同体（即"联合"）

（1）用 typedef 说明一个新类型。

（2）结构体和共用体类型数据的定义及成员的引用。

（3）通过结构体构成链表，单向链表的建立，结点数据的输出、删除与插入。

11. 位运算

（1）位运算符的含义和使用。

（2）简单的位运算。

12. 文件操作

只要求缓冲文件系统（即高级磁盘 I/O 系统），对非标准缓冲文件系统（即低级磁盘 I/O 系统）不要求。

（1）文件类型指针（FILE 类型指针）。

（2）文件的打开与关闭（fopen，fclose）。

（3）文件的读写（fputc()、fgetc()、fputs()、fgets()、fread()、fwrite()、fprintf()、fscanf() 函数的应用），文件的定位（rewind()、fseek()函数的应用）。

【考试方式】

上机考试，考试时长 120 分钟，满分 100 分。

（1）题型及分值。

单项选择题 40 分（含公共基础知识部分 10 分）。

操作题 60 分（包括程序填空题、程序改错题及程序设计题）。

（2）考试环境。

操作系统：中文版 Windows 7。

开发环境：Microsoft Visual C++ 2010 学习版。